KB093920

Modern
Garde Manger
The fundamentals of Cold Cuisine

기본 이론을 바탕으로 세분화된 분야의 실무능력까지

가르드망제

윤수선·김창열·권기완 공저

ß (주)백산출판사

Preface

Modern Garde Manger : The Fundamentals of Cold Cuisine

건강에 대한 관심도가 높아지면서 자연스럽게 음식과 조리에 대한 관심 또한 커졌습니다. 그로 인해 외식산업은 유망업종으로 주목받고 있는 추세이며 보다 다양한 식문화가 발달하고 있고 점차 세분화된 분야별 전문 외식업체들이 생겨나고 있습니다. 외식분야의 전문성이 업그레이드되면서 세분화된 전문적인 부분에 대한 교육의 필요성을 느끼게 되어 미약하겠지만 기본 이론을 바탕으로 세분화된 분야의 실무능력까지 갖춘 조리사 양성에 도움이 되고자 하는 바람으로 Modern Garde Manger 서적을 집필하게 되었습니다.

제1부에서는 가르드망제에 대해 소개하고 조리를 효율적으로 하기 위해 알아야 할 기본들을 요약하였으며, 조리에 필요한 기구와 도구, 애피타이저, 오르되브르와 세계 3대 진미, 허브와 샐러드, 샌드위치, 차가운 수프와 소스, 소시지, 햄, 베이컨, 소 안심과 등심 손질법, 드레싱, 살사, 딥, 파테, 테린, 갤런틴, 무스, 포스미트, 아스픽, 육류의 숙성에 대해 알기 쉽도록 간략히 기술하였습니다.

제2부에서는 앞에서 설명한 부분들에 대한 메뉴들로 구성하여 만드는 방법, 레시피, 사진 그리고 알아두면 좋을 Tip들을 소개하였습니다.

학생들을 지도하면서 필요하다고 느낀 부분 중 꼭 알고 있어야 할 핵심내용들을 정리하여 만들었으나 미흡하고 부족한 부분이 있으리라 생각됩니다. 계속적으로 수정과 보완을 거치도록 노력하겠습니다.

집필할 수 있노록 시원해 주신 백산출판사 진욱상 대표님과 교정에 힘써주신 편집부 관계자 모든 분들께 감사의 인사를 드립니다.

저자

Contents

XI 파테, 테린, 갤런틴, 무스, 포스미트, 아스픽, 숙성

• Part 2. 실기

Part 1

THEORY

이론

Professional Garde Manger
프로페셔널 가르드망제

1. 가르드망제 개요

가르드망제Garde Manger란 중세시대 프랑스에서 시작된 말로 프랑스어 사전을 보면 '식료품 저장실, 찬장' 등으로 설명하고 있다. 즉 빛이나 해충 등이 식재료에 접근하는 것을 방지하기 위해 만든 공간을 의미하는 것으로 보관 장소를 구분하는 데 사용된 말이었다. 과거에는 햄, 소시지, 치즈 등의 일부 보존 처리가 된 음식을 서늘한 지하 공간이나 통풍이 잘 되는 창가 그늘진 곳에 보관하여 사용하였으며 이 공간을 가르드망제라고 하였다. 가르드망제는 시간이 흐르고 흘러서 냉장 기기의 개발과 발전으로 인해 식자재 보관 형태가 변하면서 보관 장소나 저장 공간 등을 넘어서 차가운 음식을 준비하는 조리사 혹은 조리장을 지칭하게 되었고, 더 나아가 전문화된 찬요리 영역들을 담당하는 주방Cold Kitchen을 의미하게 되었다.

과거의 수렵생활 중심에서 벗어나 농경생활로 넘어가면서 안정적으로 식재료를 확보하기 위한 실용적인 기술과 방법들이 생겨나기 시작하였다. 인간은 농경생활을 통해 얻은 곡식이나 축산물 등의 단순 식용뿐 아니라 그것들을 보존하는 것에 대해 생각하고 여러 방법들을 시도해보면서 적정한 방법들을 깨닫고 적용시켜나가기 시작했다. 염장, 발효, 건조, 훈연 등의 처리로 보존성과 풍미를 높이고 부패와 해충의 공격으로부터 식재료를 안전하게 지키기 위해 지하저장고와 새집 모양의 찬장 등을 이용하게 되었으며 이 보관 공간이 가르드망제의 시작이었다.

식재료가 풍부한 곳을 정복하기 위한 전쟁이 계속되었고 토지와 세력을 확장한 이들은 소금을 구하기 쉬운 곳을 중심으로 도시를 형성하였다. 서로 조리법과 저장법들을 교류하고 활용하면서 자신들의 저택 지하 공간에 식자재를 보관할 수 있는 공간을 만들었으며 이것을 관리하는 조리사를 두었다. 이후 프랑스 대혁명을 계기로 프랑스 귀족 집안에 고용되었던 조리사들이 유럽 전역으로 근거지를 옮겨 각 지역의 레스토랑들에서 일을 시작하였다. 시간이 지나고 나서 레스토랑의 주방에서 일하는 조리사들을 조직화하기 위한 시도들이 이어졌으며 서양요리의 아버지라 불리는 오귀스트 에스코피에Auguste Escoffier에 의해 그 시스템이 구분되어 만들어지고 완성되었다. 에스코피에에 의해 명명된 주방 내 각 파트의 구분은 소시에Saucier : 소스담당, 로티쇠르Rôtisseur : 로스팅, 구이담당, 파티시에Pâtissier : 디저트, 페이스트리 담당, 가르드망제Garde Manger : 차가운 요리담당 등이며 오늘날에도 유사하게 구분하여 사용되고 있다.

오늘날의 가르드망제는 대형호텔 또는 큰 규모의 레스토랑에서 저장 음식과 차가운 음식에 관련된 모든 것을 책임지는 역할을 수행하고 있다고 볼 수 있다. 그 영역을 자세히 보면 애피타이저Appetizers, 오르되브르Hors D'Ouevre, 샐러드Salads, 샌드위치Sandwich 등과 그것들에 함께 곁들여지는 다양한 소스들까지 포함되며 파테, 테린, 소시지, 치즈 등을 만들기 위해 필요한 기본적인 기술과 활용하는 기능들까지도 가르드망제의 영역으로 볼 수 있다. 또 많은 요리의 기본재료들로 사용되는 스톡과 수프 등의 조리방법을 정확히 알고 능숙하게 활용할 줄 알아야 가르드망제에서의 업무수행도 원활하다.

2. 조리작업을 위한 기본 단계

1) 미즈 앙 플라스(Mise en Place)

조리에 필요한 재료 및 도구를 사전에 준비하는 것이다. 조리작업을 위해 필요한 기본적인 식재료를 미리 준비해두고 사용할 조리도구들을 쓰기 편한 위치에 놓는 것으로 실제로 조리가 시작되기 전에 모든 준비활동을 완결해 두는 것을 말한다.

모든 준비 활동을 완결함으로써 조리 과정을 단순화하여 주문에 따른 음식 제공의 속도 및 절차가 무리 없이 이루어질 수 있도록 하기 위함이다.

업무시작 전에 각자 맡은 업무에 필요한 준비가 완료되었는지를 점검할 수 있는 충분한 시간을 두고 확인할 필요가 있다.

2) 칼(Knife & Cutlery)

칼은 주방에서 사용하는 조리기구 중에서 가장 기본이 되는 도구이다. 다양한 식재료를 자르고 다지고 썰고 모양내는 등의 작업을 하는 도구로 그 어떤 기기나 기물보다 효율적으로 사용할 수 있으며 그 형태와 크기, 용도에 따라 칼의 종류는 매우 다양하다. 칼은 사용하기 위해 잡았을 때 손잡이가 편안하고 전체적인 균형이 잘 잡힌 것, 쉽게 갈아지지만 쉽게 무디어지지 않고 오래 유지되는 것, 사용할 때 안전하고 자르고자 하는 형태로 자를 수 있는 것이어야 한다. 칼은 요리를 완성하는 모든 과정에서 중요한 역할을 하며 가장 많이 사용되므로 정교한 작업까지 할 수 있도록 충분히 날카롭게 관리해야 한다. 또한 칼의 특성과 기능을 이해하고 숙지한 후 용도에 맞게 안전하게 사용해야 한다. 또 칼 잡는 방법과 사용법을 정확하게 알아야 작업의 효율성을 최대로 높일 수 있고 질 좋은 상품을 만들 수 있다.

(1) 칼의 구성(Composition of the Knife)

❶ **칼날끝** : 가늘면서 뾰족하게 관리한 칼끝은 섬세한 작업을 하기 적합하다.

❷ **칼날** : 올바른 방법으로 갈아 예리하게 세워진 칼날은 칼에서 가장 중요한 부분이며, 다양한 썰기 방법에 사용된다.

❸ **손잡이** : 칼날이 흔들리지 않도록 관리하여 사용자의 피로도를 낮춰주는 부분이며, 잡을 때 바르게 잡고 힘 조절을 하며 사용한다. 잡는 방법에 따라 썰기의 방법과 힘의 사용정도가 달라진다.

(2) 칼 관리하는 방법

❶ 칼 가는 방법

칼을 갈 때는 자세를 바르게 유지하고 칼 가는 것에만 집중해야 한다. 먼저 칼과 숫돌 사이의 각도를 약 15° 정도로 유지하고, 오른손으로 칼의 손잡이를 잡고 왼손으로는 칼 단면의 위쪽 면을 가볍게 누르면서 오른손의 밑으로 잡아당겨 준 다음 오른손과 왼손의 힘을 동시에 나누면서 밀어내도록 한다.

❷ 숫돌로 칼을 가는 순서(오른손잡이 기준)

- 숫돌을 물에 약 20~30분 정도 담가 숫돌에 수분이 충분히 흡수된 후에 사용한다.
- 숫돌 고정 틀을 준비 또는 젖은 행주를 숫돌의 밑에 깔고 하는 방법 중 선택하여 테이블 위에 숫돌을 고정한다.
- 숫돌과 칼날의 각도는 15~20°가 적당하다.
- 입자가 거친 숫돌 면에서 먼저 갈고 고운 숫돌로 넘어가며 갈아주어야 한다.
- 오랜 기간 사용한 숫돌은 숫돌의 중간 부분만 손상되어 움푹 파이는 경향이 있는데 이를 방지하기 위해서 사용 후에 숫돌과 숫돌을 서로 문지르거나 샌드페이퍼에 문질러 평평하게 유지되도록 관리해야 칼날의 손상을 막을 수 있다.
- 칼날 연마할 때는 보통 2~4mm 정도 길이로 칼날의 각을 세운다.

① 입자가 거친 숫돌에서 고운 숫돌로 넘어가야 하며, 앞쪽 칼끝에서 힘을 주고 당길 때는 힘을 빼준다.

② 칼을 갈아 주면서 중간중간 물을 자주 숫돌에 뿌려 마찰로 인한 열을 최소화한다. 편날 연마일 때 80% 정도 갈아 주고 양날 연마일 때는 50% 정도 갈아준다.

③ 손잡이와 가까운 칼날 부위는 날을 많이 세우지 않고 50% 정도만 갈아준다.

14

④ 칼을 뒤집어 반대쪽을 갈아준다.

⑤ 칼을 갈면서 중간중간 칼날의 상태를 확인하며 갈아야 하는데 경험이 많지 않을 경우에는 칼날을 만질 때 각별히 주의를 기울여야 한다.

❸ 쇠 칼갈이(Steel) 봉에 칼갈기

쇠 칼갈이 봉은 칼날을 예리하게 세우기 위한 목적으로 사용하는 것이 아니며 식재료를 써는 과정에서 칼날이 잘 안 든다고 느낄 때, 잠시 잘 들게 하기 위해 사용하는 방법이다. 쇠의 마찰열에 의해 열변형을 일으켜 칼의 손상을 가져오기 때문에 권장하는 방법은 아니다.

■ 칼갈이 봉으로 칼 가는 방법(봉을 세워서 갈아줄 때)

① 칼갈이 봉을 왼손으로 약 45° 정도 기울이고 흔들리지 않게 힘껏 잡아준 후 칼을 칼갈이 봉에 문지른다.

② 반원형을 그리며 아래쪽으로 너무 힘주지 말고 부드럽게 문지른다.

③ 칼을 반대쪽도 같은 방법으로 문질러 주는데 한쪽 면을 3~4회가 넘지 않도록 문지른다.

④ 마지막으로 위쪽에서 아래쪽으로 내려주면서 문질러 준다.

■ 칼갈이 봉으로 칼 가는 방법(봉의 끝부분을 밑으로 향해서 갈아줄 때)

① 칼갈이 봉을 밑으로 향해 갈아주는 방법은 위험하지 않고 신체에 영향이 없어 봉으로 칼날을 잠시 세울 때 권장하는 방법이다.

② 칼갈이 봉의 손잡이를 왼손으로 잡고 아래쪽을 향하도록 해서 칼을 약 10~20° 정도의 각도로 반원형을 그리며 부드럽게 문질러 준다.

③ 칼날의 반대쪽도 같은 방법으로 문질러 준다.

④ 마지막으로 위에서 밑으로 내려 주면서 문질러 준다.

(3) 칼의 종류

- **아시아형 칼(Low Tip)** : 동양에서 주로 많이 사용하는 칼로 칼날을 기준으로 길이가 18cm 정도이다. 칼끝이 아래쪽을 향하고 있으며 곧게 썰기와 채썰기 등에 적합하다.

- **서구형 칼(Center Tip)** : 서양요리에 주로 사용되는 칼로 칼날의 길이가 20cm 정도이다. 칼등과 칼날이 곡선의 형태를 이루며 썰 때 힘이 많이 들어가지 않고 회를 잡을 때도 사용한다.

- **다용도 칼(High Tip)** : 칼날의 길이가 16cm 정도이다. 칼등이 일직선으로 곧고 칼날은 둥글다. 뼈를 바르거나 뼈째 잘라낼 때 사용하기 좋다.

- **조각칼** : 끝이 뾰족한 날의 칼이며 길이가 약 7~8cm 정도이다. 채소의 껍질을 깎거나 일부분을 도려낼 때 사용한다.

- **생선칼** : 날이 곡선 형태를 하고 있어서 유연하고 끝이 뾰족한 칼이며 길이는 약 16cm 정도이다. 생선의 뼈를 발라낼 때 사용한다.

- **프렌치** : 뾰족한 끝을 가지고 있는 견고한 칼이며 길이는 23cm 정도이고 폭은 5cm 정도이다. 채소를 크게 자랄 낼 때와 얇게 썰 때 등 다양하게 사용한다.

(4) 칼 잡는 방법(Method of Gripion the Knife)

❶ 칼의 양면을 잡는 방법(Pinch Grip)

일반적인 식재료를 자를 때와 슬라이스를 할 때 가장 많이 사용하는 잡는 방법으로, 엄지와 검지손가락이 양쪽 칼날의 면을 잡는 방법이다. 다루기가 쉽고 섬세한 작업이 가능하다.

❷ 칼등 쪽에 엄지를 얹고 잡는 방법(Dagger Grip)

힘이 많이 들어가는 단단한 식재료를 자를 때나 뼈를 부러트릴 때 잡는 방법으로, 엄지손가락이 칼등 쪽에 있는 방법이며 눌러주는 힘이 강한 편이다.

❸ 칼등 쪽에 검지를 얹고 잡는 방법(Point Grip)

비교적 정교한 작업을 할 때 칼의 끝 부위를 사용하기 위해 잡는 방법으로, 검지손가락을 칼등 위에 얹어놓고 사용하는 방법이다. 방향 조절이 매우 용이하다.

❹ 칼 손잡이만 잡는 방법(Hammer Grip)

칼의 손잡이만 손을 둥글게 모아서 잡는 방법으로, 힘을 세게 가하지 않고 칼을 편하게 사용할 수 있는 방법이다.

❺ 식재료 썰 때 손 모양

올바른 썰기 손 모양   잘못된 썰기 손 모양

(5) 칼의 안전한 사용

① 칼을 잡고 있을 때는 항상 긴장하여 상처가 나거나 다치지 않도록 주의하여야 하며, 작업을 하지 않을 때는 칼을 잡고 있으면 안 된다.

② 칼을 사용하지 않을 때는 정해진 칼 보관 장소에 두어야 한다.

③ 자신이나 주변 사람에게 상처를 입히지 않도록 항상 조심해야 하며, 칼을 들고 작업을 하는 사람의 주변을 지나야 할 때는 지나간다는 것을 말하며 칼 잡은 사람 뒤쪽으로 지나가야 한다.

④ 칼을 떨어뜨렸을 경우, 절대 잡으려 하지 말고 한 걸음 물러서면서 피해야 한다.

⑤ 스테인리스 소재로 만들어진 칼이라도 식재료들의 산Acids에 의해 녹이 생길 수 있으므로 사용 후에는 반드시 깨끗이 닦고 물기를 제거 후 보관 장소에 보관한다.

⑥ 칼날을 예리하게 잘 길들여놓았을 때가 무딘 칼일 때보다 사용이 편하고 안전하므로, 자주 칼날을 확인하고 갈아주도록 한다. 이는 예리한 칼날이 자르기 할 때 힘이 덜 들어가며, 힘이 덜 들어가면 정확하게 재료를 자를 수 있기 때문이다.

⑦ 식재료의 처리 목적에 맞는 칼을 선택하여 사용하면 시간과 힘을 덜 들이고 자를 수 있어 쉽게 작업할 수 있다.

3) 조리 작업장 위생관리

(1) 주방 출입 시 위생관리

① 주방 출입 시 위생복과 모자를 착용한다.
② 주방 출입 시 2차 오염 방지를 위해 입구에 소독액을 첨가한 발판을 놓아 안전화(신발)를 소독하고 출입한다.

(2) 교차오염

① 도마는 조리 과정에서 교차오염을 방지하기 위하여 색깔별로 구분하여 사용하는 것을 권장한다.(고기는 빨간색, 생선은 녹색, 과일은 흰색 등)
② 작업자는 교차요염 발생을 줄이기 위해 일회용 장갑(라텍스)을 사용할 수 있다.
③ 조리 작업 중 타액으로 발생하는 각종 바이러스, 식재료 오염 발생을 줄이고자 마스크 착용을 권장한다.
④ 고객과 직접 대화를 해야 하는 종사원은 식품위생과 교차오염에 더욱 신경써야 한다.
⑤ 교차오염을 줄이기 위해서 주방 전용 일회용 페이퍼 타월 사용도 권장한다.
⑥ 음식물 쓰레기 분리수거를 색깔별로 구분하여 처리한다.

(3) 주방 안전사고

① 칼의 부적절한 사용으로 손이나 몸에 상처가 날 수 있다.

② 주방 바닥은 물기가 많아 미끄러져 넘어질 수 있다.

- 주방에서 안전사고가 발생하지 않도록 항상 집중하고 조심해야 한다.

4) 기본적인 채소 썰기 용어(Basic Vegetable Cutting and Terminology)

식재료를 슬라이스한 다음 막대형이나 필요한 형태의 크기와 모양으로 써는 것으로 주로 당근이나 무, 감자 등의 채소를 썰 때 사용하는 방법이다.

(1) 쥘리엔(julienne, 쥘리엔느)

채소나 요리의 재료를 길게 네모막대 형태의 채로 써는 작업으로 크기나 두께에 따라서 가는 쥘리엔과 중간 쥘리엔, 굵은 쥘리엔으로 나뉜다.

- Fine Julienne(파인 쥘리엔) : 0.15cm×0.15cm×2.5~5cm 정도 크기의 막대 형태로 가늘게 채 썬 것이다.

- Allumette or Medium Julienne(알뤼메트 또는 미디엄 쥘리엔) : 0.3cm×0.3cm×6cm 정도 크기의 막대 형태로 채 썬 것이다.

- Batonnet or Large Julienne(바토네 또는 라지 쥘리엔) : 0.6cm×0.6cm×6cm 정도 크기의 막대 형태로 채 썬 것이다.

(2) 다이스(Dice)

다이스Dice는 식재료를 주사위처럼 정육면체로 써는 것으로 깍둑썰기에 해당한다. 재료나 사용목적에 따라 그 크기를 다르게 한다.

- Fine Brunoise(파인 브뤼누아즈) : 0.15cm×0.15cm× 0.15cm 정도 크기의 주사위 형태로 정육면체 썰기 한 것이다. 채소 썰기 중 가장 작은 정육면체 형태 썰기이다.

- Small Dice(스몰 다이스) : 0.5cm×0.5cm×0.5cm 정도 크기의 주사위 형태로 정육면체 썰기한 것이다.

- Medium Dice(미디엄 다이스) : 1.2cm×1.2cm×1.2cm 정도 크기의 주사위형으로 써는 것이다.

- Cube or Large Dice(큐브 또는 라지 다이스) : 2cm× 2cm×2cm 정도 크기의 주사위 형태로 정육면체 썰기 한 것이다. 네모 썰기, 깍둑썰기에 해당된다. 채소 썰기 중 가장 큰 정육면체 형태 썰기이다.

(3) 페이잔(Paysanne)

페이잔Paysanne은 납작하고 얇은 직육면체 형태의 모양으로 자르는 것으로 1.2cm×1.2cm×0.3cm 정도 크기의 납작한 네모 모양이다.

(4) 시포나드(Chiffonade)

시포나드Chiffonade는 실처럼 아주 가늘게 채 써는 것이다. 푸른 잎채소나 대파, 허브 등의 얇은 잎을 둥글게 말아서 가늘게 썬 것이다.

(5) 콩카세(Concasse)

콩카세Concasse는 가로, 세로 0.5cm 정도 크기의 정사각형으로 작게 써는 것이다. 토마토를 콩카세로 썰 때는 얇은 껍질과 즙을 제거하고 썬다.

(6) 샤토(Chateau)

채소를 길쭉하고 둥글게 잘라내는 것으로, 가운데가 굵고 끝부분이 가늘어지도록 다듬는 것을 말한다. 5~6cm 정도 길이의 뾰족한 타원체 모양이다.

(7) 에맹세(Emence)

에맹세Émincé는 채소를 얇게 저며 써는 것이다.

- 에맹세/슬라이스Emincer/Slice : 재료를 얇게 저며 써는 것으로 슬라이스에 해당한다.

(8) 아세(Hacher/Chopping)

- 아세/차핑Hacher/Chopping : 채소를 곱게 다지는 것으로 짓이기지 말고 각지게 다진다.

(9) 마세두안(Macedoine)

가로, 세로 1.2cm×1.2cm 정도 크기의 주사위 형태로 정육면체 썰기한 것이다. 채소를 익힌 후 자른 다음 곁들임으로 이용한다.

(10) 올리베트(Olivette)

올리베트Olivette는 가운데 부분을 둥근 올리브 모양으로 다듬어 자르는 것을 말한다. 이 방법 역시 양쪽 끝을 다듬어 뾰족하게 만드는 것으로 썬다기보다는 다듬는다가 더 적당하다.

(11) 투르네(Tourner)

투르네Tourner는 돌리다, 회전하다의 뜻으로 과일이나 단단한 뿌리채소 등을 돌려가며 둥글게 깎아 내는 것을 말한다. 주로 양송이 윗부분에 칼집을 내거나 사과를 잘라 각이 있는 부분을 둥글게 다듬어주는 것을 말한다.

※ 달걀 거품기나 주걱을 돌려가며 재료를 혼합하는 것을 투르네라고도 한다.

(12) 파리지엔(Parisienne)

파리지엔Parisienne은 채소, 과일 등을 동그란 구슬 모양으로 파내는 것을 말한다. 필요한 구슬모양을 얻기 위해서는 필요한 크기에 맞는 볼 커터나 파리지엔 나이프를 사용하면 된다.

(13) 프랭타니에(Printanier), 로젠지(Lozenge)

프랭타니에Printanier, 로젠지Lozenge는 가로, 세로, 두께 1cm×1.2cm×0.4cm 정도 크기의 마름모형으로 자르는 것이다.

(14) 퐁 뇌프(Pont Neuf)

퐁 뇌프Pont Neuf는 크기 0.6cm×0.6cm×6cm 정도의 막대 기형으로 써는 것이다.

(15) 뤼스(Russe)

뤼스Russe는 크기 0.5cm×0.5cm×3cm 정도의 짧은 막대기 형으로 써는 것이다.

(16) 민스(Mince)

민스Mince는 채소를 잘게 다지는 것으로 차핑Chopping보다 작은 크기이다. 육류를 찧거나 다질 때도 사용하는 용어이다.

(17) 캐럿비시(Carrot Vichy)

캐럿 비시Carrot Vichy는 0.7cm 정도의 두께로 둥글게 슬라이 스로 썬 것이다. 가장자리를 비스듬하게 잘라내기도 한다.

(18) 롱델(Rondelle)

롱델Rondelle은 당근이나 오이, 호박처럼 둥근 채소를 1cm 미만의 두께로 자르는 것이다.

(19) 사과 돌려 깎기(Turning Cut Apple)

① 사과의 양쪽 끝을 수평이 되게 자른다.

② 사과를 왼손으로 사과의 꼭지 부분이 엄지손가락에 오도록 잡는다.

③ 오른손에 칼을 잡고 검지손가락 두 번째 마디를 회전축의 중심점으로 생각하고 천천히 회전시키며 사과 껍질을 일정하게 깎아준다.

④ 처음부터 끝까지 회전 중심축을 움직이지 않게 하고 손목만을 움직이며 사과를 돌려 깎아준다.

⑤ 사과 돌려 깎기가 완성된 모양

⑥ 사과 돌려 깎기 연습은 달걀 표면에 칼날을 붙이고 돌리면서 꾸준히 연습한다.

5) 기본적인 썰기 방법Basic Cutting Techniques

① 밀어썰기(Push Slice) : 칼끝쪽으로 밀면서 썬다. 채소썰기의 기본 방법이다.

② 당겨썰기(Pull Slice/Sashimi Cut) : 칼뒤쪽 방향으로 당기면서 썬다.

③ 내려썰기(Chop) : 칼날을 수직으로 움직이며 썬다.

④ 굴려썰기(Rocking Chop) : 칼끝을 고정하고 수직으로 움직이며 썬다. 모든 식재료 썰기에 적용할 수 있다.

⑤ 수평썰기(저미기)(Horizontal Cut) : 재료를 지그시 누르고 수평으로 썬다.

⑥ 톱질썰기(Sawing Cut) : 예리한 칼날로 재료가 부서지지 않게 톱질하듯 썬다.

Kitchen Tools
주방장비 및 도구

1. 재질에 따른 주방도구의 이해

(1) 스테인리스 스틸(Stainless Steel)

주방 시설이나 도구의 재료로 가장 많이 사용되는 재질로 내구성과 내열성이 매우 좋고, 가열을 해도 음식에 화학적 변화를 거의 일으키지 않으므로 인체에 영향을 주지 않는다. 녹이 잘 생기지 않고 부식이 쉽게 일어나지 않으므로 물청소를 해야 하는 작업대 및 대형냉장고 등에도 많이 사용되며 위생적으로 관리할 수 있다.

(2) 알루미늄(Aluminum)

열전도율이 매우 높아 열을 가하여 사용하는 조리도구 중 가장 널리 사용되고 있는 재질이다. 가공이 쉽고 가볍고 저렴해서 많이 사용되고 있지만 안정성에 대해 여러 의견이 존재한다.

(3) 구리(Copper)

열전도가 빠르고 열이 균등하게 전달되지만 가격이 비싸고 얼룩이 쉽게 생겨 관리가 용이하지 않다. 온도에 민감한 달걀요리나 소스 등에 일부 사용한다.

(4) 유리(Glass)

열전도율은 낮지만 전달된 열의 저장성은 좋은 편이어서 조리한 음식이 금방 식지 않는다. 음식과 화학 반응이 일어나지 않아 다양한 식재료의 조리에 사용된다.

(5) 플라스틱(Plastic)

가볍고 편리하지만 열에 약해 식재료 보관용기로 사용하기 적합하다.

※ 주방기기 선택 시 고려사항

① 주방장비와 기기는 안전과 위생을 가장 먼저 고려해야 한다.

② 사용 중 문제 발생 시 AS가 신속하게 이루어져야 한다.

③ 재질과 성능은 사용 목적에 부합하고 가격은 예산에 맞게 구입해야 한다.

2. 조리기구의 용도 및 사용법

1) 포트와 팬

❶ **스톡포트** : 스톡포트는 많은 양의 육수를 끓일 때나 육수를 보관할 경우에 사용하는 용기로서 바닥의 면적보다 높이가 높은 형태여야 한다.

❷ **스튜팬** : 스튜팬은 소스포트라고도 하며 스톡포트보다는 높이가 낮고 밑면이 높이보다 넓어서 조리 중 주걱으로 쉽게 저을 수 있는 것이 좋다.

❸ 브레이징 팬(Braising Pan) : 질긴 육류에 채소와 소스를 넣고 뚜껑을 덮은 채 오랜 시간 조리할 때 사용한다.

❹ 소스팬 : 소스팬은 소스포트보다는 가벼우며, 높이가 낮고
용량이 작다.

2) 조리용 도구와 기구

❶ 포테이토 라이서(Potato Ricer) : 삶은 감자를 으깨기 위해 사용

❷ 스키머(Skimmer) : 육수나 액체의 불순물을 제거하거나 음
식을 들어내는 데 사용하는 긴 손잡이가 달린 체의 일종

❸ 소스 래들(Sauce Ladle) : 소스, 육수, 수프 등을 뜰 때 사용.
소스를 담아내거나 음식에 끼얹을 때 사용

❹ 고무 주걱(Rubber Spatula) : 음식을 혼합하거나 모을 때 사용

❺ 그레이터(Grater) : 치즈나 채소 등을 갈아낼 때 사용

❻ 만돌린(Mandoline/다용도의 채칼) : 아주 얇게 슬라이스할 수 있고 채칠 수도 있으며 와플형(고프레)을 만들 때도 사용

❼ 시트 팬, 호텔 팬(Sheet Pan, Hotel Pan) : 다양한 음식을 담거나 요리할 때 사용(밧드라고도 함)

❽ 핸드 블렌더(Hand Blender) : 수프나 소스, 음식물을 곱게 만들 때 사용

3) 여러가지 조리도구

❶ 테린, 파테 몰드(Terrine, Pâte Mould) : 포스미트를 넣고 테린이나 파테를 만들 때 사용

❷ 파리지엔 나이프(Parisienne Knife, Ball Cutter) : 과일이나 채소를 원형으로 파내거나 과일 화채 등을 만들 때 사용

❸ 스트레이트 스패튤러(Straight Spatula) : 케이크에 크림을 바를 때나 작은 음식을 위생적으로 옮길 때 사용

❹ 오이스터 나이프(Oyster Knife) : 굴 껍질을 열 때 사용하거나 조개류를 손질할 때 사용

❺ 그릴 스패튤러(Grill Spatula) : 주로 그릴에서 뜨거운 음식을 뒤집거나 옮길 때 사용

❻ 샤프닝 스틸(Sharpening Steel) : 무뎌진 칼날을 임시로 세울 때 사용

❼ 롤 커터(Roll Cutter) : 밀가루 반죽이나 피자 등을 자를 때 사용

❽ 제스터(Zester) : 오렌지류의 껍질을 얇게 벗겨낼 때 사용

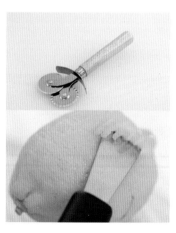

❾ 샤넬 나이프(Channel Knife) : 채소류에 홈을 낼 때 사용

❿ 포테이토 매셔(Potato Masher) : 삶은 감자를 으깨기 위해 사용

⓫ 버터 스크레이퍼(Butter Scraper) :
　버터를 모양내면서 긁어낼 때
　사용

⓬ 애플 코러(Apple Corer) :
　통사과의 씨를 제거할 때 사용

⓭ 위스크(Whisk), 휘퍼 : 식재료의 거품을 내거나 휘저을 때 사용

⓮ 그레이프 프루트 나이프(Grape
　fruits Knife) : 휘어진 칼날로
　자몽의 살을 분리해낼 때 사용

30

❶❺ 미트 텐더라이저(Meat Tenderizer) : 육류를 두드려서 연하게
만들거나 얇게 펴낼 때 사용

❶❻ 트러플 슬라이서(Truffle Slicer) : 트러플을 얇게 썰어낼 때 사용

❶❼ 키친보드(Kitchen Board), 도마 : 재료를 썰 때 받침으로 사
용하며 음식에 따라 고기전용, 생선전용, 과일전용, 채소전
용, 김치전용 등으로 나눠서 사용

❶❽ 아스파라거스 필러(Asparagus
Peeler/Tong) : 아스파라거스
껍질을 벗겨낼 때 사용

❶❾ 피시 스케일러(Fish Scaler) : 생선비늘을 벗겨낼 때 사용

❷⓿ 실리콘 브러시(Silicon Brush) : 털 빠짐을 막기 위해 실리콘을
사용해 만든 붓으로 오일이나 소스 등을 음식에 바를 때 사용

❷❶ 적외선 온도계(Infrared Thermometer) : 온도를 적외선으로 측정

❷❷ 여러가지 조각도(Assorted Carving Knife) : 식재료를 조각하
거나 모양 낼 때 사용

❷❸ 피시 본 피커(Fish Bone Plcker) : 생선이나 연어살에 있는
뼈를 제거할 때 사용

❷❹ 치즈 그레이터(Cheese Grater) : 치즈를 갈 때 사용

❷❺ 치즈 나이프(Cheese Knife) : 치즈를 자를 때 사용

❷❻ 카빙 나이프(Carving Knife or Slicer) : 덩어리가 큰 육류나 가
금류를 자를 때와 연어를 썰 때 사용(키친포크와 함께 사용)

❷ 키친 포크(Kitchen Fork) : 크고 뜨거운 육류나 가금류를 잡을
때 사용(카빙나이프와 함께 사용)

❷ 조리용 실(Kitchen Thread) : 육류나 가금류 등을 묶어서 고
정할 때 사용하는 조리용 실

❷ 휘핑 크림 디스펜서(Whipping Cream Dispensers) : 질소가스
를 이용해 액상 형태의 크림을 고체 크림형태로 만들어 뿌
려주는 도구

4) 조리 준비용 장비

❶ 슬라이서(Slicer)

슬라이서는 찬요리 주방에서 채소류와 콜드컷(소시지)류 등
을 얇게 썰어 낼 때 사용한다.

❷ 믹서(Mixer), 혼합기

고기나 채소 등을 혼합하는 혼합기로 주로 소시지 등에 사
용할 포스미트를 만드는 데 이용한다.

❸ 푸드초퍼(Food Chopper)

푸드초퍼는 많은 양의 식재료를 균등한 크기로 잘게 다져 주는 장비이다. 소시지, 무슬린을 만들 때 사용한다.

❹ 푸드 프로세서(Food Processer)

분쇄기의 일종으로 땅콩, 호두 등과 같은 견과류의 다지기, 생선의 무슬린 등 다양한 작업을 할 수 있다.

❺ 블렌더(Blender)

재료를 혼합하고 다지고, 즙을 만들고, 잘게 부수고, 가루를 만드는 과정 등에 사용하면 편리하다.

❻ 골절기(Meat Saw)

골절기는 육류 가공 주방에서 뼈가 있는 부위인 갈비와 냉동된 고깃덩어리 등을 자를 때 사용하는 기기이다.

❼ 육류 다지기(Meat Chopper)

조리에 필요한 고기를 다질 때 사용하는 기기로 결합한 칼날의 크기에 따라 일정하게 다져진다.

❽ 육절기(Meat Slicer)

육류의 뼈를 자를 수 있는 강력한 기기로서 톱날의 작동 중에 무리한 힘을 가하면 톱날의 파손으로 부상을 입을 우려가 있으므로 매우 조심해야 한다.

❾ 훈제 기기(Smoking Box)

훈제할 때 사용한다.

❿ 진공포장기기(Vacuum Package Machine)

식재료를 진공 포장할 때 사용한다.

⓫ 소시지 충진기(Sausage Stuffer)

소시지를 만들기 위해 소시지케이싱에 속재료를 넣을 때 사용한다.

⓬ 입실 냉장고(Work in Refrigerator)

대량의 다양한 식재료들을 보관하기 위한 시설이다. 사람이 직접
들어갈 정도의 큰 냉장 · 냉동 시설이 필요하다.

⓭ 접시 트롤리(Mobile Plate Rack)

음식을 담은 많은 접시를 한 번에 이동할 때나 잠시 보관할 때 사
용한다.

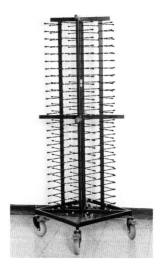

⓮ 디시 트롤리(Dish Trolley)

많은 접시를 한 번에 안전하게 운반할 때 사용한다.

Appetizer
애피타이저

1. 전채요리 개요

애피타이저는 서양코스요리에서 식사를 시작하기 전 한입에 먹을 수 있도록 한 접시에 소량 제공하는 요리로 음료까지 포함한다. 애피타이저가 식사 전에 제공된다는 점에서 그 목적과 역할은 식욕을 일으킨Appetissant다든지, 식욕을 촉진Appetizer한다는 의미인 것이다. 입맛을 자극하면서도 시각적으로 아름다움과 신선함을 주어야 하고 다음에 나올 요리와 재료 또는 조리법 등이 중복되지 않으면서도 잘 어울려야 한다.

애피타이저의 기원은 확실하지 않고 조금씩 차이가 있지만 러시아에서 연회를 하기 전에 별실에서 기다리는 참석자들에게 독한 주류와 함께 간단한 요리를 제공한 데서 유래되었다고 한다. 또 13세기경 이탈리아의 탐험가 마르코폴로가 중국 원나라에서 들여온 면 요리 및 냉채요리가 이탈리아의 번성기에 프랑스에 전해지면서 발전했다고도 한다.

애피타이저는 온도에 따라 찬 애피타이저Cold Appetizer/Hors D'Oeuvre Froid와 더운 애피타이저 Hot Appetizer/Hors D'Oeuvre Chaud로 분류되며, 또 형태에 따라 플레인Plain과 드레스드Dressed로 나뉜다. 플레인Plain은 형태, 맛 등이 그대로 유지되는 훈제연어, 생굴, 캐비아, 과일 등을 사용하는 것을 말하고, 드레스드Dressed는 조리사의 기술로 가공되어 조리해서 원래의 맛은 유지하지만 형태가 바뀐 테린Terrine, 파이, 카나페 등을 사용한 것을 말한다. 차가운 애피타이저 다음에는 맛이 진한 메인요리, 더운 애피타이저 다음에는 차가운 종류의 메인요리를 선택하는 등 메인요리와의 조화를 고려해야 한다.

2. 전채요리의 특징

① 식사 중 가장 먼저 제공되는 요리인 만큼 시각, 후각, 미각을 자극할 수 있을 만큼 아름답고 예술적이어야 한다.

② 한입에 먹을 수 있도록 소량으로 제공되며 각각의 음식 특징과 잘 어울리는 제철식재료를 사용하여 계절감각을 느낄 수 있어야 한다.

③ 주요리에 사용되는 재료의 반복을 피하고 영양적으로 균형이 잡히도록 구성되어야 한다.

④ 소화증진을 위해 타액의 분비를 촉진할 정도의 자극적인 맛(신맛과 짠맛)이 나야 한다.

⑤ 한입에 간편하게 먹을 수 있게 음식이 간결하면서 크기가 너무 크지 않아야 한다.

⑥ 찬요리는 차게 더운 요리는 뜨겁게 제공되어야 하며 같은 식재료를 중복 사용하지 않아야 한다.

⑦ 식재료의 조화가 이루어지도록 주요리와 균형이 있으면서도 부재료와의 색채적인 감각과 음식의 호기심을 자극하기에 충분해야 한다.

⑧ 음식이 전체적으로 모양이 좋고 맛있으면서 조화를 이루어야 한다.

⑨ 고급소재의 아름다운 그릇에 잘 어울리는 모양으로 만들어 기물과 조화를 이루도록 담아야 한다.

3 전채요리의 분류

1) Cold Appetizer

다양한 식재료를 사용하여 만들 수 있는 Cold Appetizer는 그 맛과 향이 강하고 신맛이 나도록 제공하며 주로 많이 사용되는 재료는 생선, 생선의 알 또는 해산물류로 마리네이드(염장, 초절임) 하거나 훈제한 것 등이다. 또 다양한 채소, 과일, 치즈 등을 활용하기도 한다. 차갑게 준비한 작은 글라스나 접시 또는 각종 속을 파낸 과일이나 채소, 해산물의 껍데기 등을 용기로 사용한다.

- 아페리티프(Aperitif) – 식전 술로 셰리, 와인, 보드카, 마데리아, 베르무트 등이 있으며 한입 크기의 치즈나 올리브 등을 함께 제공한다.
- 카나페(Canape) – 작게 자른 빵 위에 연어알, 캐비아, 안초비, 치즈, 살라미, 채소, 과일 등을 곁들인 음식이다.
- 칵테일(Cocktail) – 새우, 랍스터, 굴, 가리비 등의 해산물을 소스와 함께 차갑게 제공한다.
- 렐리시(Relish) – 분쇄한 얼음을 채운 작은 볼이나 컵에 무, 셀러리, 당근, 오이, 래디시 등을 길고 가늘게 손질해서 담아 소스Dip와 함께 제공한다.

2) Hot Appetizer

더운 애피타이저는 가열에 의해 조리되어 따뜻하게 제공되는 전채로 육류를 이용해 소량으로 작게 만든 것이 많다.

- 바르케트(Barquette) : 도우에 소(해산물, 육류 등)를 채워넣어 작은 배 모양으로 만든 것
- 부셰(Bouchee) : 도우에 소(달걀, 치즈 등)를 채워넣어 작은 주사위 모양으로 만든 것
- 베이네(Beignet) : 도넛과 유사하며 안에 원하는 재료를 다져넣기도 함
- 브로슈(Broche) : 길쭉한 꼬챙이에 육류, 해산물, 채소를 끼워 만든 것
- 파이(Pie) : 파이 도우에 육류 또는 과일을 올려 만든 것
- 프리토(Fritot) : 육류, 해산물, 채소류에 튀김반죽을 입혀 튀긴 것
- 크로메스키(Cromesquis) : 밀가루, 달걀, 빵가루를 입혀 튀겨낸 작은 크로켓

Hors D'Oeuvres
오르되브르

프랑스 어원의 의미로 볼 때 Hors D'Oeuvre의 Hors는 '~의 앞' 또는 '~의 밖'을 의미하고 Oeuvre는 '작업' 또는 '식사'를 뜻한다. 즉 '식사 전' 또는 '식사 이외의 것'을 말한다. 오르되브르는 식사 전에 제공되는 모든 아주 적은 양의 요리를 의미하며 그 목적은 식욕촉진이다. 뉴욕주의 유명한 조리사 키르슈Agail Kirsch는 오르되브르를 식전에 먹는 한입거리의 음식으로 정의했다.

전통의 오르되브르는 16세기경 이탈리아의 번성기에 이탈리아의 다른 여러 가지 요리법들과 함께 프랑스로 전해져 프랑스의 상류계급에 의해 발전하기 시작했으며 여섯 코스 이상의 풀코스 요리에서 가장 먼저 제공되는 소량의 차가운 음식으로 매우 적은 양을 제공했다.

근래의 오르되브르라는 표현은 주요리와 분리되어 제공되는 아주 소량의 음식 또는 크기가 큰 플래터 위에 음식을 담아 제공하는 방식을 의미하기도 한다. 이것은 본 식사가 시작되기 전 대화시간이나 파티 또는 리셉션 등에서 큰 쟁반에 음식을 가지런히 담아서 들고 다니면서 손님이 마음대로 선택하여 간단이 먹을 수 있도록 제공되어 Flying dish, Finger food라고 불리기도 한다. 또 뷔페형식에서 작고 화려하게 만들어 진열해 독립된 하나의 음식으로 제공되는 것을 말하기도 한다.

- 카나페(Canape) – 작게 모양 내어 자른 빵 또는 크래커나 비스킷, 타르트 위에 연어 알, 캐비아, 안초비, 치즈, 살라미, 달걀, 채소, 과일 등을 보기 좋게 올려서 만든 음식이다. 올려진 재료들에 따라 이름이 붙여지며 아름다운 색의 재료들을 사용하여 시각적으로 입맛을 돋우며 보기 좋게 만들어야 한다.

- 타파스(Tapas) – 스페인에서 주요리 전에 술과 곁들여 먹는 소량의 음식을 뜻하는 말이다. 타파스의 타파tapa는 '덮다'는 뜻을 지닌 타파르tapar에서 왔으며 안달루시아 지역에서 술잔에 먼지나 곤충이 들어가는 것을 막으려고 소시지나 튀김, 빵류 등을 잔 위에 얹은 것에서 유래된 명칭이다. 매우 다양한 식재료를 사용하며 풍성하게 만들어진 요즘의 타파스는 한 끼 식사를 대신하기도 한다.

- 메제(Mezze) – 아뮈즈부슈Amuse-Bouche, 미장 부슈Mise en Bouche라고도 하며 한입 크기의 전채요리 모둠을 말한다. 생선 알을 올리브유와 레몬 등에 절여 만든 타라마Tarama를 사용한 작은 음식, 슬라이스한 채소에 소를 넣어 돌돌 말아서 쪄낸 돌마Dolma, 페타치즈 등을 넣은 소를 채워 튀겨낸 뵈렉Beurreck 등 다양한 종류의 그리스나 터키 지역의 음식들이다.

1. 세계 3대 진미

1) 캐비아(Caviar)

캐비아는 러시아, 유럽, 흑해, 이란 남쪽의 접경지역 카스피해 연안에 분포하는 일부 철갑상어의 알로 만들어진다. 싱싱한 철갑상어에서 알을 꺼내자마자 가장자리의 막을 제거하고 염장 후 수분을 제거한 다음 병조림 또는 통조림 포장한다. 부패하기 쉽고 많은 노동력이 필요하며, 양식이 불가능하여 지나친 포획으로 생태계 파괴를 유발한다는 일부 인식이 있으며, 죽이지 않고 알을 채취하는 기술 부족 등의 이유로 비싸게 유통되고 있다.

캐비아는 알의 크기가 크고 은회색 빛깔이 연하게 감돌면서 짠맛과 쓴맛이 느껴지지 않는 것이 좋은 것이다. 캐비아는 여러 종류가 있는데 그중 벨루가 캐비아가 가장 비싸고 질이 좋으며 다음으로 오세트라 캐비아, 세브루가 캐비아 순으로 가치를 평가받고 가격이 정해지고 있다.

■ **캐비아의 종류(Kind of Caviar)**

❶ Beluga : 수명이 약 120년 정도이며 무게는 최대 1톤이 넘고 현재 멸종 가능성 1위인 철갑상어에서 채취한 알로 만든 것으로 알이 굵고 크며 회색빛이 감돌고 가격이 매우 비싸다. 부드러우면서 혀에서 쉽게 으깨지며 특유의 풍미가 퍼진다.

❷ Osetra : 무게는 80kg 내외 최대 200kg이며 수명은 70여 년 정도의 철갑상어에서 채취하는 알로 만든 것으로 황금색을 띠는 진한 갈색이다. 풍부한 견과류의 향미를 가진 것으로 유명하다.

❸ Sevruga : 수명 8년 정도의 20kg 내외의 철갑상어의 알로 만들기 때문에 알의 크기가 약간 작은 편이고 진한 회색을 띠며 희소성이나 풍미 면에서 약간 낮은 등급으로 볼 수 있다.

❹ Golden 또는 Imperial Caviar : 오세트라와 비슷하지만 수명이 60년 이상 더 긴 철갑상어 알로 만들어지고 벨루가에 이어 희귀한 종류로 알려져 있다. '차르(옛 러시아 황제)의 캐비아'라고도 불린다.

❺ Malosol Caviar : 러시아에서 소금을 조금 사용해서 만든 캐비아이다. 염분함량이 3~4% 정도이며 보존기간이 짧은 편이고 가격이 약간 비싸다.

❻ Pressed Caviar : 상품의 선별과정을 마친 후의 오세트라와 세브루가 캐비아의 자투리 알을 고밀도로 농축시켜 만든 것으로 농도가 진하고 수분이 없는 편이다.

❼ Pausnaya Caviar : 압력을 가하여 만든 러시아산 캐비아로 깨지거나 덜 성숙된 알에 소금을 많이 넣어 압축하여 만든다. 보존성이 높고 진한 풍미가 있다.

2) 트러플(Truffle, 송로버섯)

세계 3대 식재료 또는 프랑스의 진미 중 하나로 알려진 송로(松露)버섯으로 우리나라에서는 재배되지 않아 모두 수입에 의존하고 있다. 강하면서도 독특한 맛과 향을 지닌 트러플은 소량의 사용만으로도 음식에 그 특유의 풍미를 더할 수 있는데 현재 우리나라에서는 대형호텔 또는 고급 미슐랭 레스토랑에서나 그 진가를 맛볼 수 있으며 일반 레스토랑들에서는 트러플을 사용한 오일이나 소스 정도로 경험할 수 있다. 100% 수입에 의존하고 국내에서 재배되지 않는 특성으로 인해 가격이 비싸게 형성되었기 때문이다. 일부 이탈리안 레스토랑에서 요리에 가니시로 사용하기도 하는 경우들도 보이고 있으며 점점 트러플에 관심이 높아지고 있는 추세이다.

트러플은 떡갈나무 주변의 땅속에서 자라는 버섯의 일종으로 육안으로는 찾기가 어려워 특별히 훈련시킨 개를 이용해서 채취한다. 전통적으로는 수퇘지를 이용하였으나 수퇘지의 식욕과 훈련이 쉽지 않은 특성 때문에 요즘은 훈련된 개에게 의존한다고 한다. 이 버섯은 모양과 색 등이 다른 30여 가지 이상의 품종이 있는데 그중에서도 맛이 일품이라고 알려진 프랑스 페리고르산 블랙 트러플Tuber Melanosporum은 겉과 속이 까맣고 견과류처럼 표면이 거칠게 생겼는데 특유의 진한 향이 있다. 물에 끓여 보관해도 향을 잃지 않는 특성 때문에 수프, 소스, 리소토 등에 다양하게 사용된다. 그리고 유명한 이탈리아산 흰색 트러플Tuber Magnatum은 강하고 우아한 향과 고소

한 맛이 있어 주로 날것으로 사용하며 그 맛과 향을 충분히 느낄 수 있도록 샐러드나 다양한 요리에 가니시로 이용한다.

블랙트러플	화이트트러플

3) 거위간(Foie Gras)

캐비아, 트러플과 함께 세계 3대 진미 중 하나인 Foie Gras는 프랑스어로 기름진 간 'Fat Liver'이라는 의미이다. 약 3000년 전의 고대 이집트인들로부터 유래되어 프랑스 남서부 지역에 정착한 유대인들에 의해 전해져 프랑스 왕가에서 즐겼다고 알려져 있으며 프랑스의 알자스Alsace와 페리고르Perigord 지역의 특산품으로 유명하다. 요리에 사용되는 Foie Gras는 일반적으로 거위Goose나 오리Duck의 비대해진 간을 이용해 만든 것이다.

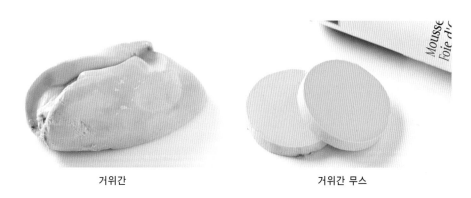

거위간	거위간 무스

■ Le Gavage(Overfeeding) : 간을 비대하게 만드는 강제사육법

알에서 부화된 거위가 조금 자라 미성숙할 때 움직임에 약간 제약을 두기 위해 농장의 일정부분에 구획을 정해 사육한다. 이때 하루 종일 굶겼다가 매일 정해진 시간에만 많은 양의 사료를 먹인다. 거위를 폭식에 익숙하게 만들기 위해 이 과정을 약 4개월 정도 반복한다. 이렇게 폭식에 길들여진 거위가 어느 정도 더 자라면 어두운 공간의 철장 속에 가두거나 움직이지 못하게 줄에 묶어두어 활동을 거의 못하게 한 다음 식도 안까지 관을 집어넣고 사료를 1kg까지 억지로 먹이며 비대해지도록 키운다. 이렇게 비대해진 거위의 간은 다른 가금류의 간과 달리 색이 연하고 크기가 엄청 크다. 이 강제 사육기술을 가바주Le Gavage라고 한다.

■ Foie Gras 종류

핏줄을 제거한 Foie Gras를 우유, 와인, 물 등의 혼합물에 10시간 정도 담가 잡내와 불순물을 제거하고 수분을 제거한 다음 원하는 재료를 첨가하고 부드럽게 으깨어 용기에 담는다.

- 블록 드 푸아그라(Bloc de foie gras) : 잘게 부수거나 으깬 간을 벽돌의 형태로 만들어 익혀낸 것이다. Truffle을 넣어 만들기도 한다.
- 푸아그라 앙티에(Foie gras entier) : 소금, 설탕, 허브, 와인 등의 혼합물에 간을 통째로 마리네이드한 후 익혀낸 것이다. 최고품으로 평가된다.
- 무스 드 푸아그라(Mousse de foie gras) : 익힌 간을 곱게 갈아서 무스의 형태로 만든 것이다.
- 푸아그라 미 퀴(Foie gras mi－cuit) : 반 정도 익혀 저온 처리한 것으로 보존기간이 짧지만 신선한 맛과 독특한 향미를 가진다.

■ Foie Gras(Whole Goose) 손질법

냉동제품은 냉장에서 해동한 후 거위간 중간의 홈을 벌린 다음 혈관처럼 보이는 핏줄 부분의 끝을 잡고 조심스럽게 제거한다. 그리고 남아있는 신경선과 쓴맛을 낼 수 있는 푸른색을 띠는 선을 모두 제거한다.

Herb and Salad
허브와 샐러드

1. 허브(Herb)

1) 허브의 개요 및 사용

허브Herb는 푸른 색의 풀을 의미하는 라틴어 Herba에서 파생되어 허브 또는 아브라고 불린다. 오래 전부터 약초나 향신료로 사용되고 있는 식물인 허브는 주로 따뜻한 지역에서 자라며 식물의 줄기, 잎, 꽃봉오리, 씨 등을 생으로 또는 건조하여 분말로 혹은 압착하여 기름을 추출하는 등의 다양한 방법으로 이용한다. 페퍼, 시나몬, 메이스, 넛맥, 클로브, 커민 등의 방향성 식물에서 얻은 열매나 씨를 건조하여 분말상태로 만들어 요리에 양념이나 향신료로 사용하며 스파이스라 부르기도 한다.

주방에서 허브는 나라마다 또 재료와 조리방법에 따라 다른 종류를 사용한다. 허브는 음식 본연의 맛을 변화시키지 않고 좀 더 맛있게 느껴지도록 첨가제 역할을 해야 한다.

■ 나라별 허브의 사용 빈도

나라	허브	요리
중동과 그리스	오레가노(Oregano), 민트(Mint), 딜(Dill)	양고기 요리
태국	코리앤더 잎(Coriander Leaves)	모든 요리
	레몬그라스(Lemon Grass)	가금류, 생선요리
영국	세이지(Sage)	돼지고기 요리
	민트(Mint)	양고기 요리, 디저트
스칸디나비아	딜(Dill)	생선요리
러시아, 덴마크	딜(Dill)	수프요리
이탈리아	바질(Basil)	토마토 요리
	로즈마리(Rosemary)	양고기 요리
독일	세이보리(Savory)	콩요리
프랑스	타라곤(Tarragon)	닭요리
	펜넬(Fennel)	생선요리

■ 형태별 허브의 사용

형태		사용방법	허브	요리
Fresh		1. 손질 후 깨끗이 세척하고 통으로 또는 자르거나 다져 사용 2. 생으로 또는 오일에 마리네이드해서 사용	딜, 차이브, 타임, 로즈마리, 바질, 처빌, 마조람	애피타이저, 수프, 샐러드
Dry	Whole	1. 통으로 사용 2. 다른 재료와 함께 거즈에 싸서 사용	후추, 월계수 잎, 계피, 타임	스톡, 소스, 수프
	Ground (Spice)	1. 분쇄한 것은 쉽게 변향되므로 밀봉하여 건냉보관 사용 2. 생것의 1/6 정도 사용 3. 조리 마지막 단계에 사용	후추, 카레, 넛맥, 오레가노, 올스파이스, 파프리카	다양한 요리에 향미증진용으로 사용

■ 부위별 허브의 사용

사용부분	허브	요리
잎	딜, 펜넬, 바질, 월계수 잎, 처빌, 차이브, 코리앤더, 마조람, 민트, 오레가노, 파슬리, 로즈마리, 세이지, 타라곤, 타임	수프, 샐러드, 해산물, 육류요리
밑둥	마늘, 양파	스톡, 수프
뿌리	호스래디시, 터메릭	소스, 피클, 카레
껍질	시나몬	소스, 파이
씨앗	펜넬, 세이지, 아니스, 캐러웨이, 카다몬, 쿠민, 코리앤더, 펜넬, 깨	소스, 생선요리, 육류요리, 베이카레
열매	올스파이스, 카이엔 페퍼, 클로브, 메이스, 넛맥, 파프리카, 후추, 아니스, 바닐라	수프, 해산물, 육류요리
꽃	사프란	생선, 해산물, 리소토, 부야베스

2) 허브의 종류

■ 요리에 주로 사용되는 향신료

사프란(Saffron)

1. 백합목 꽃의 암술대를 색에 따라 분류 건조시킨 것 2. 꽃의 암술만을 채취해 건조하여 만듦. 사프란 100g은 암술 15,000개 정도이며 가격이 비쌈 (용도 : 천연의 진한 노란 색소, 쌀요리, 생선 소스)

차이브(Chive)

1. 백합목 다년생 식물로 시베리아, 유럽 등이 원산지인 허브의 한 종류 2. 작은 파의 일종으로 짙은 녹색의 가는 잎이 있고 알싸한 향이 남
(용도 : 육류와 생선요리, 절임, 장식용)

48

펜넬(Fennel)

1. 지중해 연안의 미나리과 다년생 풀 2. 생선 비린내와 육류의 잡내 제거에 효과적임
(용도 : 육류와 생선요리, 샐러드)

캐러웨이씨(Caraway Seed)

1. 단맛이 강하고 레몬향미가 있음 2. 씨뿐만 아니라 뿌리도 삶아 사용 3. 휘발성 지방유를 얻어 향료로 사용
(용도 : 케이크, 빵, 치즈, 수프, 스튜)

정향(Cloves)

1. 열대지방에서 자라는 나무의 꽃이 피기 전 꽃봉오리인 꽃눈을 말린 것 2. 자극적이면서 강한 향미 때문에 함께 사용하는 다른 식품의 향미를 잃게 될 수 있으므로 주의
(용도 : 빵, 과자, 육류 요리, 과일절임)

시나몬(Cinnamon)

1. 계수나무의 어린 껍질을 말린 것 2. 통째 또는 가루로 만들어 사용
(용도 : 육류 찜요리, 케이크, 피클, 음료)

카레가루(Curry Powder)

1. 카더몬 · 카시아 · 칠리 · 계피 · 정향 · 생강 · 겨자 · 터메릭 등의 분말을 섞어 만든 복합 향신료 (용도 : 카레, 치킨, 스튜)

딜씨(Dill Seed)

1. 시큼한 맛과 레몬 향이 남 2. 딜의 잎은 약초로 사용하며 줄기, 꽃, 씨 모두 사용 3. 저장식품, 초절임, 오이피클을 만들 때 사용
(용도 : 해산물 요리, 피클, 제과)

넛맥(Nutmeg)

1. 육두구나무 열매의 씨에서 얻는 향신료 2. 열대지방에서 생산 3. 달면서 쌉쌀한 맛
(용도 : 소스, 토마토케첩, 푸딩, 파이 등의 후식)

후추(Pepper)

1. 매우면서 톡 쏘는 맛이 나며 통째로 또는 분말로 사용 (용도 : 향신료, 절임, 소스)

핑크 페퍼콘 (Pink Peppercorn)

1. 붉게 익은 후추 열매를 따서 그대로 말린 것

바질(Basil)

1. 민트과로 엷은 신맛과 달콤하면서도 강한 향 있음 2. 토마토와 잘 어울려 거의 모든 이탈리아 음식에 첨가할 수 있음
(용도 : 육류·해산물 요리, 수프, 소스)

바질 페스토(Basil Pesto)

1. 제노바 항구를 이용하는 외국인들을 통해 알려짐 2. 잘게 다진 바질, 으깬 마늘, 잣, 파르메산 치즈, 올리브 오일로 가열하지 않고 만든 소스 (용도 : 파스타)

월계수잎(Bay Leaf)

1. 건조한 잎을 음식을 만드는 도중에 넣어 향미를 추가하거나 잡내를 제거함 2. 음식이 끓으면 건져냄
(용도 : 육류요리, 스톡, 스튜, 피클, 가공식품)

파슬리(Parsley)

1. 진한 녹색의 식용 풀로 잎과 줄기를 모두 사용 2. 장식용으로 많이 사용됨
(용도 : 육류요리, 소스, 가니시)

민트잎(Mint Leaf)

1. 꿀풀과의 여러해살이풀 2. 품종이 매우 다양함 3. 매콤하고 알싸한 맛이 남
(용도 : 민트 소스, 디저트, 가니시)

민트젤리(Mint Jelly)

1. 전통적인 영국식 조리법으로 사과젤리와 민트 잎을 사용해 제조 (용도 : 양고기 요리)

로즈마리(Rosemary)

1. 강한 향의 녹색 잎을 음식의 풍미를 증진시키기 위해 사용 2. 건조한 것보다 싱싱한 것이 좋음 (용도 : 양고기, 닭고기, 생선 요리, 수프, 스튜, 절임, 가니시, 소시지, 비스킷)

세이지(Sage)

1. 회녹색을 띠며 잎의 모양이 타원형이고 솜털이 있음 2. 쓸쓸한 맛이 강함 (용도 : 돼지고기, 오리, 거위, 튀김요리, 가니시)

타라곤(Tarragon)

1. 잎과 줄기를 사용하는 다년초 2. 오랫동안 유지되는 달콤한 향과 엷은 매콤 쌉쌀한 맛이 있음 3. 프랑스, 이탈리아 음식에 많이 사용됨 (용도 : 샐러드, 육류·생선요리, 스파게티, 소스, 피클)

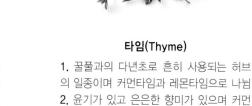

타임(Thyme)

1. 꿀풀과의 다년초로 흔히 사용되는 허브의 일종이며 커먼타임과 레몬타임으로 나뉨 2. 윤기가 있고 은은한 향미가 있으며 커먼타임의 향이 더 강한 편임 (용도 : 차, 달걀요리, 육류요리, 절임, 가니시)

오레가노(Oregano)

1. 상쾌한 향이 코를 찌를 듯 강하고 약하게 쌉쌀하면서 매운맛이 남 2. 멕시코나 이탈리아의 요리에 잘 어울림 (용도 : 스튜, 소시지, 육류요리, 샐러드, 스파게티)

딜(Dill)

1. 미나리과의 일년생 향초로 단맛과 톡 쏘는 시큼한 풍미가 있음 2. 위장장애, 변비해소에 좋고 진정효과가 있음 (용도 : 육류·해산물 요리, 생선절임, 피클, 가니시)

처빌(Chervil)

1. 파슬리보다 맛과 향이 좋은 한해살이풀 2. 유럽에서 사순절에 먹는 풍습이 있음 (용도 : 차, 샐러드, 육류·생선요리, 수프, 가니시)

■ 요리에 주로 사용되는 특수 채소

아티초크(Artichoke)

다년생식물의 꽃봉오리이며 식감이 연하고 맛이 담백할 뿐 아니라 소화가 잘 되고 영양가도 풍부하다. 간장기능을 튼튼히 하고 신진대사에 좋아 약용으로도 이용되며 다양한 요리에 곁들여 진다. 가니시, 샐러드, 수프, 스튜 등에 사용한다.

아루굴라,루콜라(Arugula, Rucola)

잎의 끝이 뾰족하고 줄기 사이가 깊이 들어간 모양 때문에 프랑스에서는 '로켓(Rocket)'이라 불리기도 한다. 잎이 매우 부드럽고 은은한 참깨 향과 옅은 매운맛이 나며 세계 여러 나라에서 샐러드용으로 재배하고 있다.

아스파라거스(Asparagus)

특유의 쌉쌀한 맛은 아스파라젠산이 함유되어 있기 때문이다. 어린 줄기를 데치거나 볶아서 연하게 만들어 식용한다. 달걀요리와 잘 어울리며 수프, 초무침, 곁들임 채소로 이용한다.

미니 당근(Baby Carrot)

아프가니스탄이 원산지인 식물로 유럽에 전해지면서 개량된 품종이다. 뿌리는 곧으며 크기가 작은 편이다. 뿌리 부분을 식용하는데 비타민 A와 C가 풍부하다. 주로 샐러드에 사용하며 볶음요리, 곁들임 재료로도 이용한다.

비트잎(Beet Leaf) 베이비 비트잎(Baby Beet Leaf) 비트, 사탕무(Beet Root)

잎은 시금치나 근대와 매우 유사하게 생겼으며 영양 면에서 훌륭하고 샐러드나 쌈에 이용한다. 뿌리의 끈적끈적한 액체는 수프와 스튜요리에 농화제로 유용하게 사용된다. 또 천연 적색 베타시아닌 색소를 추출하여 음식에 색을 낼 때 이용한다.

브뤼셀 스프라우트(Brussels Sprouts)

크기가 아주 작은 양배추로 오래전부터 벨기에에서 경작되었기 때문에 벨기에의 수도가 이름에 붙여졌다. 줄기에 빽빽하게 붙어 자라며 '방울다다기양배추'라고도 불린다. 지름이 4cm 미만일 때 수확하여 찌거나 끓는 물에 데친 후 버터에 볶아 식용하며 스튜에 넣기도 한다.

미니비타민(Baby Vitamin)

십자화과 녹황색 채소의 어린잎이며 닷사이라고도 불린다. 각종 비타민, 카로틴, 철분이 풍부하고, 주로 샐러드나 가니시로 사용된다.

메밀싹(Buckwheat Sprout)   황금 메밀싹(Gold Buckwheat Sprout)

성질이 냉하여 체내의 열을 내려주고 배변을 용이하게 해준다고 한다. 필수 아미노산과 비타민 함량이 높아 비만을 예방하고 루틴을 함유하고 있어 성인병 개선에 효능이 있다고 알려져 있다. 샐러드, 가니시로 사용한다.

셀러리(Celery)

쓴맛이 강했던 야생 셀러리를 17세기 이후 톡 쏘는 향과 바삭한 식감이 나도록 개량하여 사용하고 있다. 연한 잎과 줄기를 식용한다. 주로 스튜, 샐러드에 이용한다.

치커리(Chicory) 프렌치 치커리(French Chicory)

쌉쌀한 쓴맛이 강하게 나는 특징이 있다. 아삭하면서 부드러운 식감의 잎을 샐러드나 쌈으로 식용한다. 주로 샐러드에 사용한다.

크레송(Cresson)

깨끗한 물에서 자라는 서양냉이의 잎이다. 영어 이름은 워터크레스(Watercress)지만 프랑스 이름인 크레송으로 더 많이 알려져 있고 우리나라에서는 물냉이라고 불린다. 향긋하면서 톡 쏘는 매운맛과 쌉쌀한 상쾌한 맛이 난다. 수프, 샐러드, 가니시로 사용한다.

단델리온(Dandelion)

우리가 민들레로 알고 있는 귀화식물이다. 잎과 뿌리는 샐러드나 나물로 먹고, 꽃봉오리는 약재로 사용하며, 활짝 핀 꽃을 차로 이용한다.

엔다이브(Endive)

치커리의 뿌리에서 새로 돋아난 쌉쌀한 맛을 가진 싹으로 쌉쌀한 맛이 입맛을 돋우며 영양가가 높다. 주로 샐러드, 가니시, 볶음요리에 사용한다.

롤라로사(Lolla Rossa)

장미처럼 붉다는 뜻을 지닌 곱슬거리는 모양의 이탈리아 상추이다. 주로 샐러드로 사용되며 우리나라에서는 쌈이나 겉절이로 이용한다.

겨자잎(Mustard Green)

겨자잎은 톡 쏘는 듯한 매운맛과 향이 있고 독특한 향이 비린내나 누린내를 제거하는 역할을 해서 육류나 해산물 요리와 잘 어울린다. 주로 신선한 잎을 쌈채소로 사용하고, 비빔밥, 겉절이, 샐러드에도 이용한다.

적로즈케일(Red Kale)

베타카로틴의 함량이 매우 높아 면역력 향상에 좋다. 믹서에 갈거나 착즙해서 식용하며 쌈, 샐러드로도 이용한다.

라디치오(Radicchio)

'이탈리안 치커리'로 양상추와 비슷하게 잎이 둥글고 백색의 잎줄기와 적자색의 잎이 조화를 이룬 채소이다. 쌉싸름한 맛이 나는 인터빈 성분이 소화를 촉진하고 혈관을 강화시킨다. 주로 샐러드, 가니시로 이용된다.

로메인 상추(Romaine Lettuce)

로마인들이 즐겨 먹었다고 해서 붙여진 이름이다. 코스섬이 원산지로 코스 상추라고도 불린다. 씁쓸한 맛이 적고 잎줄기 부분이 두꺼워 아삭한 식감이 있고 단맛이 난다. 시저샐러드의 주재료이며 쌈이나 볶음요리에도 이용한다.

래디시(Radish)

겨자과의 식물로 '적무' 또는 '20일무'라고도 한다. 품종이 매우 다양하며 품종에 따라 색상이 다양하나 적색이 가장 보편적이며 많이 사용되고 있다. 주로 샐러드, 가니시로 이용된다.

팬지(Pansy)

일년생 식물로 삼색 제비꽃이라고도 불린다. 흰색, 노란색, 자주색의 3가지 색 또는 혼합색이 있고, 다양한 개량종이 계속 나오고 있다. 식용으로 재배한 작은 꽃을 샐러드나 가니시로 이용한다.

샬롯(Shallot)

하나 이상의 작고 길다란 비늘줄기로 형성되며 양파껍질 같은 막질의 껍질로 싸여 있는 비늘줄기가 마늘처럼 여러 개가 무리지어 생긴다. 양파와 달리 은은한 향이 있고 양파와 마늘의 중간 정도의 맛이 난다.

적소렐(Red Sorrel)

여러 가지 종이 있는데 잎이 둥글고 적자주색이 돌며 신맛이 나는 종을 식용으로 따로 재배하여 사용한다. 산도가 높아 육류를 부드럽게 해주며 수프, 샐러드에도 사용된다.

시금치(Spinach)

조선 초 중국에서 들어와 여러 품종이 식용
으로 재배되고 있다. 철분과 비타민이 다량
함유되어 있는 식품으로 이 중 비타민C는
열에 약하므로 조리 시 주의해야 한다. 무침
요리, 곁들임, 천연색소로 이용한다.

스트링빈스(String Beans)

다 자라지 않은 어린 것을 꼬투리째 수확하여
식용한다. 다른 그린빈에 비해 작고 가늘지만
아삭하면서 부드러운 식감이 있고 향이 좋다.
데쳐서 샐러드로, 버터에 볶아서 곁들임으로
이용한다.

2. 샐러드(Salad)

1) 샐러드의 개요

샐러드는 라틴어의 'Herba Salate'로 신선한 생채소나 허브 등에 소금으로 간을 해서 먹었던 것
에서 유래되었으며 '소금Sal을 뿌린 향초Herb'라는 의미이다.

샐러드는 아주 오래전부터 육류요리를 먹을 때 소화를 돕기 위한 목적으로 또는 비타민이나
미네랄 보충을 위해 섭취하였다. 건강에 관심이 높아지는 근래에는 육류의 소비가 감소되는 추세
이며 채소의 소비가 증가하게 되었다. 그러면서 점점 샐러드에 대한 관심이 높아지고 그 형태가
더 다양해지고 있다.

샐러드는 신선한 제철 채소와 향신채소를 기본으로 과일, 육류, 해산물 등의 다양한 식재료를
활용하고 어울리는 드레싱을 추가함으로써 고른 영양성분을 함유하도록 하며 다양한 색상을 혼
합해 시각적으로도 아름답도록 만들어야 한다.

샐러드는 사용하는 재료와 만드는 형태 등에 따라 수많은 종류가 있다. 샐러드를 만들려면 기
본적인 다음 몇 가지 주의사항을 지켜야 한다.

① 항상 신선한 재료를 사용한다.

② 생으로 먹는 재료들은 반드시 깨끗한 물에 잘 씻어야 한다.

③ 세척 후 물기를 제거해야 시들지 않고 채소 본연의 식감을 느낄 수 있다.

④ 가열하거나 조리해서 사용하는 재료는 완전히 식은 후에 사용해야 한다.

⑤ 소스는 잎채소에 묻혀 먹어 보고 간을 맞추는 것이 이상적이다.

⑥ 소스로 버무려 제공할 경우에는 식탁에 내기 바로 전에 버무려야 물기도 안 생기고 채소가 흐물거리거나 뭉개지지 않는다.

2) 샐러드의 분류

샐러드는 크게 순수 샐러드와 혼합 샐러드의 2가지로 분류할 수 있다.

첫째는 순수 샐러드Simple Salad로 고전적인 순수 샐러드는 신선한 한 가지 그린 잎채소만을 사용해 만들어졌으며 주로 양상추를 많이 사용했고 여기에 소량의 파슬리, 처빌, 타라곤 등의 향신채소를 잘게 다져 얹은 다음 Vinaigrette를 곁들였다. 근래에는 순수 샐러드도 다양한 여러 가지 채소들을 적절히 배합하여 영양, 맛, 색 등이 조화를 이루도록 변화 발전하였으며 여기에 어울리는 각종 드레싱이 곁들여지고 있다.

둘째는 혼합 샐러드Compound Salad로 채소류뿐 아니라 여러 가지 다양한 식재료를 이용하여 더 이상 다른 무언가를 첨가하지 않고 그대로 제공할 수 있는 완전한 상태로 만들어진 것이다. 사용하는 여러 재료들을 한꺼번에 섞지 말고 접시에 보기 좋게 차례로 담은 후 드레싱을 곁들이도록 한다. 근래에는 건강식의 일품요리로도 활용되고 있다.

3) 샐러드의 정의

샐러드Salad란 정식코스요리에서는 메인요리 전에 소량 제공되는 애피타이저의 한 종류를 의미하지만 신선한 채소를 기본으로 다양한 식재료들을 조합하여 드레싱과 함께 내는 요리들을 샐러드라고 말한다.

(1) 샐러드(Salad)의 기본 구성

• 바탕(Base) : 양상추, 잎상추, 로메인 등의 잎채소를 사용하며 바닥에 깔아 그릇을 채우는 역

할을 한다.

- **본체(Body)** : 샐러드를 구성하는 중심재료이다.
- **드레싱(Dressing)** : 샐러드에 끼얹거나 곁들여 제공하는 것으로 샐러드의 맛을 한층 높여주고 소화흡수를 증진시키는 역할을 한다.
- **가니시(Garnish)** : 완성된 샐러드가 시각적으로 아름다우면서 맛있어 보이도록 하기 위해 위에 올려 꾸미는 장식이다. 가니시는 식욕을 자극하면서 맛을 상승시켜야 한다.

(2) 샐러드(Salad)의 종류

샐러드는 사용하는 재료에 따라 종류가 바뀌기 때문에 명확히 분류하기는 어려우나 사용재료와 만드는 형식 등에 따라 구분된다.

❶ **단순 샐러드(Simple Salad)** : 단순 샐러드Simple Salad는 한 가지의 주재료로 만든 것으로 생것 또는 익힌 것을 모두 포함한다. 한 가지 채소에 약간의 다진 허브나 소량의 양념만을 사용해서 간을 맞춘 것 또는 익힌 감자를 식힌 후 간을 한 것 등이 있다.

❷ **복합 샐러드(Compound Salad)** : 복합 샐러드Compound Salad는 채소뿐 아니라 여러 가지 식재료들을 혼합하여 만든 샐러드로 사용할 채소와 식재료들을 필요한 크기로 손질하거나 간단히 조리한 것에 어울리는 드레싱을 곁들여 완성하는 샐러드이다. 채소와 함께 닭고기를 혼합한 치킨 샐러드Chicken Salad, 해산물이 혼합된 해산물 샐러드Sea Food Salad, 구운 크루통, 파르메산 치즈를 혼합한 시저샐러드Caesar Salad 등 다양한 종류가 있다.

❸ **과일 샐러드(Fruit Salad)** : 한 가지의 과일을 드레싱에 묻히거나 또는 다양한 종류의 과일을 혼합하여 드레싱에 묻혀내는 샐러드이다. 많은 양의 혼합 과일 샐러드를 만들어야 할 경우에는 본래의 상태를 오래 유지할 수 있는 과일류를 먼저 준비하고 베리류처럼 쉽게 무르거나 변질되기 쉬운 과일은 버무리기 직전에 섞어주거나 샐러드를 1인분씩 그릇에 담은 후 가니시로 얹어주어야 한다. 이때 민트나 바질, 백리향과 같은 신선한 허브도 함께 가니시로 사용할 수 있다.

❹ **그린 샐러드(Green Salad)** : 그린 샐러드는 한 가지 또는 그 이상의 녹색 채소를 드레싱과 곁들이는 형태로 만든다. 그린 샐러드는 사용되는 녹색 채소의 종류에 따라 그 명칭이 결정되며 로메인 샐러드, 그린 빈 샐러드 등등 매우 다양하다.

Sandwich
샌드위치

1. 샌드위치의 개요

샌드위치란 얇게 썬 빵류 또는 곡물가루를 사용해서 만든 반죽을 익혀 낸 것에 육류, 달걀, 치즈, 과일, 채소, 소스 등의 다양한 재료를 추가하여 만든 간편한 음식을 말하며 주로 간단한 한 끼 대용식으로 이용된다.

기원전 1세기경 유대교에서 유월절 기간 동안 누룩을 넣지 않고 물과 곡물가루로만 만든 무교병에 양고기와 쓴맛을 가진 허브류 등을 넣어 먹었다는 기록이 있으며 샌드위치와 유사한 형태의 이 음식을 고대 로마인들은 유대교의 현자 힐렐의 간식이라는 의미로 '시부스 힐레리Cibus Hilleli' 라고 불렀다.

지금의 샌드위치라는 명칭은 18세기 영국 귀족 샌드위치 백작 4세인 존 몬테규John Montagu The Earl of Sandwich: 1718~1792의 이름에서 유래된 것이다. 간소한 화합의 장을 마련했을 때 참석한 손님들이 간단하게 요기할 수 있도록 육류와 채소류를 빵에 넣어 대접하였던 것이 다양하게 발전하게 되었다는 이야기와 그가 카드게임을 너무 좋아해서 먹는 시간까지 아끼려는 고민을 하던 중 여행을 하다가 이 형태의 음식을 발견하였고 집에 돌아와서 주변인들과 게임을 즐길 때 함께 먹으면서 알려지기 시작한 것을 계기로 발전했다는 이야기가 있다.

2. 샌드위치 구성요소

1) 빵(Bread)

샌드위치에서 빵은 매우 중요한 역할을 하는 기본 구성요소이다. 만들고자 하는 샌드위치의 종류에 따라 빵의 종류, 모양, 크기, 사용량 등이 달라진다. 샌드위치에 사용되는 빵은 단맛이 없어야 하며 조직이 치밀해 부스러짐이 적은 것이 좋다. 풀먼 식빵을 기본으로 바게트, 베이글, 치아바타, 크로아상, 토르티야, 호밀빵, 잉글리시머핀 등 다양한 종류의 빵이 사용된다.

2) 속재료(Filling)

샌드위치에서 속재료는 샌드위치의 맛을 결정짓는 핵심역할을 하는 주재료로 육류, 육류가공품, 달걀, 해산물, 채소, 치즈, 과일, 견과류 등을 조화롭게 어우러지도록 사용한다. 만들고자 하는 샌드위치의 종류에 따라 속재료의 조합과 조리방법 등을 결정하며 온도까지 고려해야 한다.

3) 스프레드(Spread)

샌드위치를 만들 때 빵에 바르는 스프레드는 기름성분이 있는 것을 사용하여 다른 재료에 의해 빵이 눅눅해지는 것을 방지한다. 샌드위치를 구성하는 빵과 속재료의 종류에 따라 어울리는 적합한 맛과 향을 지닌 것을 사용하여 맛과 식감이 더욱 좋아지도록 하면서 식재료들의 결착을 도와야 한다.

4) 곁들임(Garnish)

샌드위치의 맛과 멋을 향상시키기 위해 곁들여지는 것으로 맛을 한층 좋게 느낄 수 있도록 하는 식재료를 추가하여 샌드위치의 완성도를 높인다. 식욕을 돋우는 신맛이 나는 절임류와 쌉쌀한 맛과 더불어 시각적 효과까지 줄 수 있는 허브나 새싹 등의 특수 채소 등이 사용된다.

3. 샌드위치의 종류

샌드위치는 여러 나라에서 그 나라의 상황에 맞게 변형과 발전을 거듭해 현재는 다양한 크기와 모양의 수많은 종류의 샌드위치가 계속해서 개발되고 있다.

1) 레귤러 샌드위치, 클로즈드 샌드위치(Regular Sandwich/Closed Sandwich)

두 장의 빵 사이에 원하는 다양한 재료를 넣어서 만든 것으로 우리가 흔히 말하는 샌드위치이다. 식사대용으로 많이 섭취하므로 여러 가지 다양한 식재료를 사용하여 맛뿐 아니라 영양가 면에서도 충분한 가치가 있도록 만들어야 한다.

2) 오픈 샌드위치(Open Sandwich)

얇게 자른 한 쪽의 바게트 또는 호밀빵 위에 다양한 식재료를 조화롭게 올려 만드는 것으로 위에 다른 빵으로 덮지 않아 내용물을 볼 수 있다.

- 리셉션 샌드위치(Reception Sandwich) : 칵테일 파티, 리셉션, 뷔페 등에서 제공되는 카나페 크기 정도의 작은 오픈 샌드위치
- 브루스케타(Bruschetta) : 일반 오픈 샌드위치와 카나페의 중간 정도 크기로 만든 오픈 샌드위치

3) 핑거 샌드위치(Finger Sandwich)

보통 샌드위치에 사용하는 빵보다 얇게 또는 작게 자른 빵을 사용해서 만들거나 만든 후 한 손으로 집어 들기 쉽도록 작게 자른 것으로 5~8cm 정도 크기가 적당하며 더 크게 만들지 않도록 주의한다.

4) 스터프드 샌드위치, 터널 샌드위치(Stuffed Sandwich/Tunnel Sandwich)

바게트 빵 또는 길이가 긴 빵의 속을 파내어 터널처럼 만들고 다양한 재료를 이용해 속을 파낸 빈 공간을 채워 넣어 만든 것으로 제공할 때 적당한 크기로 잘라낸다.

5) 아코디언 샌드위치(Accordion Sandwich)

길이가 긴 빵에 일정한 간격으로 칼집을 깊이 내서 그 사이사이에 여러 가지 식재료를 끼워 넣어 만든 것으로 재료가 들어가야 하는 부분보다 등분으로 잘려야 하는 부분에 칼집을 더 깊이 넣어준다.

6) 롤 샌드위치(Roll Sandwich)

길고 넓게 자른 빵의 딱딱한 테두리 부위를 제거한 후 둥글게 잘 말리도록 살짝 눌러준 다음 빵 가운데에 치즈와 햄, 채소 등을 넣고 둥글게 말아 만든 것으로 랩이나 종이 포일로 싸서 냉장고에 1~2시간 두었다가 모양이 잡히면 썰어야 한다.

7) 클럽 샌드위치(Club Sandwich/B.L.T Sandwich)

세 장의 빵 사이에 채소, 육류, 치즈, 토마토 등의 다양한 재료들을 켜켜이 쌓아 만든 것으로 삼각형 모양이 되도록 대각선으로 두 번 자르고 각각의 조각에 나무 꼬챙이를 꽂아 고정해 준다.

Cold Soup and Sauce
차가운 수프와 소스

VII

1. 수프(Soup)

1) 수프의 개요

수프는 육류, 생선류, 뼈, 채소류, 허브류 등을 단독으로 또는 여러 가지를 조합하여 오랜 시간 끓여 추출해 낸 스톡을 기본으로 사용하여 만들어내는 요리이다. 수프는 대체로 메인요리 전에 식욕 촉진 또는 위의 부담을 덜기 위한 목적으로 섭취했으나, 프랑스에서는 메인요리 중간에 제공되기도 했었는데 이것을 프랑스 요리의 아버지로 불리는 에스코피에A. Escoffier가 메인요리를 먹기 전에 먹도록 규정하였다. 수프는 스톡인 맑은 국물이 주가 되는 것과 다른 재료를 추가하여 걸쭉하게 만드는 것이 있는데 메인요리에 따라 잘 어울리는 것을 선택한다. 일반적으로 농도가 맑은 수프류는 육류요리에 잘 어울리고 농도가 걸쭉한 수프류는 생선요리에 잘 어울린다. 수프는 다양한 재료를 넣고 만들기 때문에 사용하는 재료나 조리방법 또는 제공될 때의 온도 등에 따라 여러 종류로 분류된다.

2) 수프 만들 때 숙지할 사항

① 수프의 기본은 스톡이다. 스톡을 만들 때 사용하는 재료의 질에 의해 수프의 질이 결정되므로 좋은 재료를 선택한다.

② 육류, 생선, 뼈 등에 함유되어 있는 피를 완전히 제거하고 사용해야 스톡의 색이 탁하지 않게 된다.

③ 채소는 당근, 양파, 셀러리, 파, 파슬리 등 향기가 있고 풍미가 좋은 것을 사용한다. 육수가 탁해질 수 있으므로 색이 진한 채소류는 사용하지 않는다.

④ 긴 시간 끓이므로 채소는 되도록 크게 썰어 뭉그러지지 않게 해야 한다.

⑤ 채소를 볶아서 사용할 경우에는 완전히 볶아 풋내를 제거하고 사용한다.

⑥ 스톡을 만들 때는 찬물을 사용하며 약한 불에서 천천히 완전히 우러나도록 오래 끓여내야 한다.

⑦ 끓이는 동안 발생하는 거품과 기름은 계속 제거해 주어야 혼탁도를 줄일 수 있다.

⑧ 수프의 농도를 맞추기 위해 밀가루를 첨가할 때는 밀가루가 완전히 익을 때까지 볶은 후 사용해야 나중에 밀가루 냄새가 나지 않는다.

3) 수프의 구성요소

(1) 육수(Stock)

육수는 수프의 맛을 결정하는 중요한 기본요소이다. 육류, 생선, 채소류, 허브류 등을 조합하여 우려내 맛을 낸 국물로 재료가 지니고 있는 본래의 맛을 충분히 낼 수 있도록 만들어야 한다.

- 부케가르니(Bouquet Garni) : 향신료 다발

프랑스어로 '향초 다발'이란 뜻이며, 요리에 사용되는 향신료들을 묶어서 사용한다고 해서 붙여진 이름이다. 셀러리, 타임, 로즈마리, 파슬리, 대파 흰 부분, 통후추 등을 소창에 싸거나 조리용 끈으로 묶어서 스톡을 만들 때 사용한다.

(2) 농후제, 리에종(Thickening Agents/Liaison)

농후제는 수프의 농도를 조절하기 위해 사용하는 것으로 전분성분을 함유한 다양한 곡물가루를 비롯하여 버터, 달걀노른자, 크림 등이 사용된다. 수프를 만들 때 가장 흔하게 사용되는 농후제는 밀가루를 색이 나지 않게 볶아 만든 화이트 루White Roux이다.

(3) 곁들임(Garnish)

수프와 조화를 잘 이루는 재료를 첨가하여 수프의 맛을 한층 더 증가시켜 줄 뿐 아니라 시각적

인 효과까지 주는 것이다. 수프의 육수를 만들 때 사용한 재료를 사용하는데 적당량을 필요한 모양과 크기로 수프 안에 곁들인다. 그 외에 덤블링, 그리시니, 바게트, 치즈분말, 크루통 등을 곁들이기도 한다.

4) 수프의 종류

(1) 맑은 수프(Clear Soup)

투명하고 깔끔한 색을 지녔으며, 농축시키지 않은 맑은 국물 안에 맛이 충분히 스며들어 있다.

(2) 크림과 퓌레 수프(Cream and Pureed Soup)

크림이나 퓌레를 적당량 첨가하여 농축시켜 만든 약간 걸쭉한 제형의 수프로 맑은 수프에 비해 맛이 진하고 부드러운 감촉이 있다. 우리나라에서 대중적으로 알려져 있고 많이 활용된다.

(3) 비스크 수프(Bisque Soup)

오븐에 구운 새우나 바닷가재 등 갑각류의 껍질과 채소류와 토마토 페이스트를 함께 끓여 맛이 우러나도록 한 다음 고운체에 걸러내고 크림이나 버터 등을 첨가하여 맛을 낸다.

(4) 식사 대용 수프(Healthy Soup)

바쁜 일상에 빠르게 조리하여 식사대용으로 먹을 수 있게 만든 것이다. 재료를 커다란 건더기 형태로 넣고 걸쭉한 농도로 끓여 스튜Stew에 가까운 형태로 건더기에 비중을 두는 수프이다.

(5) 차가운 수프(Cold Soup)

더운 여름철에 채소류나 과일을 이용하여 차갑게 만들어 먹는 수프류를 말한다. 기존의 일부 따뜻한 수프들을 차갑게 만들어서 제공하기도 한다. 차가운 수프는 신선한 맛을 느낄 수 있도록 만들어야 한다는 것과 차갑게 유지되도록 제공되어야 한다는 것이 중요하다. 오이, 토마토, 양파, 피망, 시금치, 아보카도 등을 많이 이용하며 과일과 채소를 퓌레로 만들어 크림이나 기니시를 곁들이는 방법으로 만든다. 우리나라는 냉국(미역냉국, 오이냉국) 또는 콩국이 대표적이고, 서양은 가스파초Gazpacho와 비시스와즈Vichyssoise가 대표적인 차가운 수프이다.

❶ 가스파초(Gazpacho) : 스페인의 가스파초는 토마토, 오이, 양파, 피망 등의 다양한 채소를 얼음과 함께 믹서에 갈아 체에 걸러내고 빵가루, 마늘, 올리브오일, 식초 또는 레몬주스를 첨가하여 걸쭉하게 만든 차가운 수프이다.

❷ 비시스와즈(Vichyssoise) : 미국에서 프랑스 출신 요리사에 의해 만들어진 것으로 알려진 비시스와즈는 삶은 후 체에 내려 퓌레로 만든 감자와 잘게 썰어서 볶아낸 대파 흰 부분Leek을 닭 육수Stock에 넣고 끓인 다음 크림, 소금, 후추 등을 첨가한 후 식혀낸 차가운 수프이다.

❸ 차가운 맑은 수프(Clear Soup) : 진하게 우려내어 깊은 맛을 가진 스톡을 맑게 정제한 후 차갑게 만든 다음 가니시를 곁들여 제공하는 것이다. 스톡을 우려낼 때 사용한 재료에 따라 맛이 결정되며 젤라틴을 첨가하여 형태가 만들어지도록 차갑게 식힌 다음 제공하기도 한다.

2. 소스(Sauce)

1) 소스의 개요

소스는 음식의 풍미를 높이고 시각적 효과를 주며 소화 작용을 증진시킬 뿐 아니라 음식에 부족한 영양분까지 더해줌으로써 음식의 가치와 질을 상승시키는 역할을 한다. 소스는 17세기경 프랑스에서 차가운 소스와 따뜻한 소스로 분류했으며 이후 점차 재료, 용도, 색에 따라 구체적으로 분류되기 시작했다.

소스는 따뜻한 음식에 함께 제공되는 것이고 드레싱은 차가운 음식과 함께 제공되는 것이라는 인식이 일부 있지만 자세히 살펴보면 주로 메인요리인 육류나 생선류의 따뜻한 요리에 곁들여지는 소스를 따뜻한 소스라고 하며, 전채요리나 오르되브르의 차가운 요리 부분에 곁들여지는 소스를 차가운 소스라고 하고, 샐러드에 사용되는 소스를 드레싱이라고 하는데 이 드레싱 소스는 가열과정을 거치지 않고 간단하게 재료들을 혼합하여 만든 차가운 소스의 일종이다.

다시 살펴보면 드레싱은 채소류, 허브류, 과일류 등을 사용해 샐러드를 만들 때 재료들과 함께 버무려지거나 재료 위에 뿌리는 부드러운 형태의 차가운 소스의 일종을 말하며, 차가운 소스는 음식에 직접 더해지지 않고 음식을 담아낸 접시에 음식과 함께 조화를 이루도록 모양내어 장식하서나 작은 소스 용기에 담아 제공되는 소스이다.

차가운 소스를 사용할 때 고려해야 할 점은 색상, 농도, 맛이다. 차가운 전채요리나 오르되브르에 사용할 때 주재료와 대조를 이루는 색상의 소스를 사용해 시각적 효과를 줌으로써 식욕을 자극하도록 해야 한다. 이때 농도가 묽어 장식한 소스가 접시에서 흘러내리거나 퍼지면 접시에 담긴 요리의 모양과 가치에 나쁜 영향을 주게 되므로 주의해야 한다. 이 같은 시각적 효과뿐 아니라 맛에 있어서도 주재료와 조화를 이루거나 단점을 보완하여 요리의 맛을 더욱 향상시킬 수 있어야 한다.

Sauce	Chaud(따뜻한 소스), 5대 모체소스	흰색	Bechamel
		갈색	Demiglace
		블론드색	Veloute
		붉은색	Tomato
		노란색	Hollandaise
	Froid(차가운 소스)		Mayonnaise
			Vinaigrette

2) 차가운 소스의 종류

차가운 소스는 오일 & 비니거, 마요네즈, 크림 계열 등으로 나뉜다. 사용용도에 따라 재료의 비율, 농도 등을 다르게 만든다.

- 프렌치 드레싱(French Dressing) – 오일과 식초를 3:1 비율 또는 마요네즈와 식초로 만든 소스
- 비니거 드레싱(Vinegar Dressing) – 오일과 와인식초를 3:1 비율로 만든 소스
- 살사(Salsa) – 다진 채소나 과일, 레몬즙(과일식초) 등을 사용해 만든 소스
- 이탈리안 드레싱(Italian Dressing) – 오일, 식초, 마늘, 허브 등을 사용해 만든 소스
- 딥(Dip) – 올리브 오일과 구운 채소를 믹서에 갈아 만든 걸쭉한 소스
- 마요네즈(Mayonnaise) – 달걀노른자, 오일, 식초로 만든 소스
- 사우전 아일랜드(Thousand Island) – 달걀, 마요네즈, 케첩, 피클, 레몬즙 등으로 만든 소스
- 타르타르(Tartare) – 마요네즈, 삶은 달걀노른자, 양파, 차이브 등으로 만든 소스
- 무슬린(Mousseline) – 휘저어 거품을 낸 크림을 섞어 만든 소스
- 쿨리(Coulis) – 익히거나 익히지 않은 채소 또는 과일을 으깨어 체에 걸러 만든 소스
- 쇼프루아(Chaud-Froid) – 젤 형태의 반투명이거나 투명한 소스. 차가운 요리 코팅

Sausage
소시지

1. 소시지의 개요

육류의 저장성을 높이기 위해 만들어지기 시작한 소시지는 고대 그리스 로마시대부터 만들어 졌다고 알려져 있으며 과거에는 다진 고기와 여러 가지 양념들을 혼합한 반죽을 동물의 창자나 위에 주입하여 훈연이나 건조하여 만들었기 때문에 그 모양이 동물의 내장 형태와 흡사했다. 근래에는 천연케이싱뿐 아니라 재생콜라겐케이싱 또는 인조케이싱을 사용하며 염지한 분쇄 육류에 여러 가지 혼합물을 첨가하고 케이싱에 충전한 다음 훈연이나 가열 등의 과정을 거쳐 제조한다.

2. 소시지의 제조

원료육 – 염지 – 분쇄 – 혼합 – 유화 – 충전 – 결찰 – 훈연, 가열 – 냉각

1) 원료육

소시지는 가격이 저렴한 부위의 고기와 그 부산물 그리고 첨가물들을 추가하여 만든 가공육의 일종으로 소, 돼지, 닭, 양 등 육류의 어떤 부위든 사용할 수 있다. 육향이 강한 다리나 육질이 질

신 어깨 부분을 길아 만드는데 지방이 25% 정도, 살코기 부위가 75% 정도 되도록 혼합하는 것이 적절하다.

2) 염지

염지는 원래 고기를 소금에 절여서 보존성을 높이기 위해 행해졌던 과정이었으나 냉장·포장 기술의 발달로 그 의미가 상실되었으며, 소금과 함께 다른 첨가물을 혼합하여 사용함으로써 화학적 반응을 일으켜 육색소를 고정하여 색을 발현·유지시키고, 단백질의 용해를 도와 보수성과 결착력을 높이면서 풍미를 좋게 만들기 위해 실행되고 있다.

3) 분쇄 및 세절

염지를 완료한 후 만들고자 하는 질감의 소시지 입자가 되도록 세절기(초퍼, 그라인더)를 이용하여 결체조직이 파괴되도록 균일하게 분쇄한다.

4) 혼합

균일하게 분쇄된 육류의 살코기와 지방 그리고 여러 가지 양념과 첨가물 등을 혼합기(패들믹서, 리본믹서)에 넣고 잘 섞이도록 혼합한다.

5) 유화

혼합된 반죽을 사일런트커터를 이용하여 미세하게 더 절단하여 반죽 속의 지방분이 재료들을 잘 섞이도록 해줌으로써 결착력이 높은 유화물 반죽이 되도록 한다. 소시지의 조직 안정을 위해 유화 과정 중 얼음을 넣어 반죽의 온도가 상승되는 것을 방지한다.

6) 충전

유화 과정을 통해 잘 혼합된 반죽을 충전기기를 이용하여 소시지 케이싱에 주입한다. 반죽 완성 후 바로 주입하는 것이 위생상 바람직하다.

• 케이싱 : 원료로 사용한 육류의 내장(소장, 대장, 맹장, 방광, 위 등)인 천연케이싱을 사용했었으나 소시지의 소비가 증가되고 생산량이 늘면서 생산과 유통상 사용이 편리하고 위생적인 제조 케이싱의 사용이 보편화되었다. 일부 고급제품은 여전히 천연케이싱을 사용한다.

❶ 천연케이싱

상처가 나지 않도록 막과 지방을 제거한 내장을 발효시킨 후 점액질을 제거하고 소금에 절인 것이다. 통기성이 있어 훈연할 때 연기성분이 빠르게 침투되며, 신축성이 좋아 가열 시 밀착되어 외관이 좋고 식용이 가능하다. 가격이 비싸며 저장기간이 짧고 두께가 균일하지

않아 파손이 쉬우므로 모든 공정과정 중 취급에 주의해야 한다. 팽팽하게 충전해야 식용 시 질긴 질감이 덜하며, 훈연 및 가열할 때 서서히 온도를 올려야 케이싱이 질겨지지 않는다.

❷ 재생 콜라겐 케이싱

소의 진피층에서 추출한 콜라겐을 사용하여 튜브형태로 만든 것이다. 천연케이싱과 유사한 성질이 있어 통기성과 흡수성이 좋고 제조케이싱의 균일성과 청결성도 갖추고 있어 사용이 편리하다. 식용이 가능한 것과 가능하지 않은 것이 있는데 강도 증가를 위해 알데히드 처리한 경우에는 섭취 전에 케이싱을 제거해야 한다.

❸ 플라스틱 케이싱

인공 케이싱으로 크기가 큰 업소용 소시지나 햄 등에 이용되며, 플라스틱 케이싱은 섭취할 수 없으므로 껍질을 벗겨내야 한다.

7) 결찰

충전을 완료한 길쭉한 형태를 적당한 길이로 실이나 전용클립을 사용해서 링크(매듭)를 만드는 것이다. 직경이 작을 경우는 손으로 비틀어 만들기도 하는데 이때 비트는 방향을 바꿔주며 만들어야 한다.

8) 훈연 및 가열

훈연은 연기를 발생시켜 그 연기의 유효성분이 적용되게 만드는 것이다. 특유의 독특한 풍미를 생성시키고 발색을 향상시키며 산화방지 및 살균물질이 부착되어 보존성이 향상된다.

- **냉훈법** : 10~30℃ 10일 이상 장시간 소요되나 저장성이 좋아짐
- **온훈법** : 30~50℃ 보편적 사용법. 가열처리 제품에 사용. 미생물 번식 주의
- **열훈법** : 60~90℃ 단시간에 훈연됨. 저장성 적음
- **액훈법** : 목초액이나 훈연액을 뿌려주거나 침지

가열은 병원균이나 미생물을 살균함으로써 안전성과 보존성을 높이고, 단백질 응고에 의한 조직감을 부여하며 육색이나 풍미 등의 독특한 기호성을 생성시킨다. 물속에 넣고 가열하는 탕자법과 증기열로 쪄서 가열하는 증자법이 있다.

9) 냉각

훈연 및 가열이 종료되면 냉수로 헹구어 낸 다음 냉장실에서 4~5℃ 정도가 되도록 냉각 후 포장한다.

■ **소시지의 종류와 특징**

종류	특징
Fresh Sausage	주로 천연케이싱을 사용하며 저장성이 적은 편이다.
Smoked Sausage	훈연을 하기 위해 통기성이 좋은 케이싱을 사용하며 15일 이상 보존 가능하다.
Cooked Sausage	피, 간, 혀 등의 다양한 부위를 사용하여 만들며 중탕가열 살균한다.
Unsmoked Dry Sausage	간을 세게 한 반죽을 콜라겐 케이싱에 넣어 만들며 장기간 건조, 숙성한다.
Smoked Dry Sausage	곱게 분쇄한 반죽을 천연케이싱에 넣어 만들며 저온 훈연 후 건조, 숙성한다.
Cooked(semi) Dry Sausage	세절육을 유산균발효로 ph를 저하시킨 다음 가열 후 단기간 건조, 숙성한다.

■ 나라별 대표 소시지

나라	종류	특징
독일	프랑크프루트(Frankfurter)	돼지고기와 소고기를 4:6의 비율로 섞어 만든 것
프랑스	크레피네트(Crepinettes)	갈거나 저민 육류와 송로버섯 등을 섞어서 돼지의 내장에 넣어 만든 것
이탈리아	볼로냐(Bolognia)	육류와 그 육류의 부산물 등을 섞어 만든 것
스페인	초리조(Chorizo)	돼지고기, 돼지기름, 붉은 파프리카 가루 등을 섞어 만든 것
스위스	장크트갈렌(S.T.Galler)	송아지, 돼지고기, 우유 등을 섞어 만든 것

3. 햄(Ham)

돼지의 뒷다리 부분을 의미하는 말이지만 돼지고기를 부위별로 분류하여 정형하고 염지한 다음 훈연 또는 열처리해서 가공한 것을 총칭한다. 사용한 부위나 만드는 방법에 따라 분류된다.

❶ 본인햄(Bone in Ham) : 뒷다리 살 부위를 뼈가 있는 채로 가공하여 만든 것

❷ 본리스햄(Boneless Ham) : 원료육에 붙어있는 뼈를 제거하고 가공하여 만든 것

❸ 로인햄(Loin Ham) : 등심 부위를 가공하여 만든 것

❹ 숄더햄(Shoulder Ham) : 어깨 부위를 가공하여 만든 것

❺ 안심햄(Tenderloin Ham) : 안심 부위를 가공하여 만든 것

❻ 프레스햄(Press Ham) : 소시지와 햄의 중간 형태로 훈연이나 열처리 후 압력을 가해 만든 것(돈육의 함유량이 전체의 70% 이상, 조지방 20% 이하, 전분 5% 이하)

❼ 혼합 프레스햄(Mixed Press Ham) : 프레스햄과 제법은 동일하고 어육 등 다른 종류를 혼합해 만든 것(육함유량은 75% 이상, 전분 8% 이하)

4. 베이컨(Bacon)

정형 - 혈교 - 염지 - 수침 - 건조 - 훈연 - 냉각

　돼지의 복부 부위인 삼겹살 부위 또는 일부 특정부위를 정형해서 통째로 염지한 다음 훈연하여 만드는 것이다. 대부분 가열처리 하지 않으므로 모든 공정 과정은 위생적으로 취급되어야 한다. 온도 5℃ 이하에서 염지액에 12시간 정도 담가 두어 골고루 염지되도록 해준 다음 57℃ 정도로 예열된 훈연실에서 연기를 입혀 훈연한다. 훈연 중인 고기 덩어리의 심부 온도가 55℃ 정도에 이르면 훈연실의 온도를 50℃ 이하로 낮춘 후 적정 색이 발현될 때까지 훈연을 하고 꺼내서 온도와 습도가 낮은 저온실에서 냉각한다.

5. 소고기

1) 소고기 안심 손질(Trimming the Beef Tenderloin)

　안심은 허리등뼈 끝의 복강 안쪽 부위에 붙어 있는 양쪽 부분 살로 소 한 마리에서 2개 약 5~6Kg 정도 나오며 운동량이 없는 복강 안쪽에 있어 육질이 부드러운 편이다. 안심 부위 중 샤토브리앙은 가장 넓은 부분에 속하며 육질이 부드러워 스테이크로 이용하기 가장 적합하다.

■ 소고기 안심(Beef Tenderloin) 손질 방법과 순서

❶ 소고기 안심 포장 상태

❷ 포장을 벗겨 준비한다.

❸ 지방이 붙어 있는 안심 덩어리이다.

❹ 사이드(side)쪽을 분리하면서 손질한다.

❺ 사이드 날개 쪽을 분리한 상태

❻ 헤드 부분에 붙어있는 실버스킨(Sliver Skin)을 제거한다.

❼ 뒤쪽 부분은 지방이 고르게 분포되어 있고 부드러운 부위이므로 조심히 다듬는다.

❽ 안심 헤드 부분부터 실버스킨(Sliver Skin)을 분리한다.

❾ 안심 헤드 부분부터 꼬리 부분 팁(Tip)까지 실버스킨(Sliver Skin)을 분리한다.

❿ 제거가 안 된 실버스킨(Sliver Skin)을 모두 제거한다.

⓫ 손질된 안심을 스테이크용으로 썰어 준비한다.

⓬ 부위별로 잘라 놓은 안심모습이다.

■ 안심 부위별 명칭

Chateaubriand(샤토브리앙)   Filet Mignons(필레 미뇽)

Head(헤드, 머리)   Tournedos(토르네도스)   Filet Tip(필레 팁, 꼬리)

2) 소고기 등심 손질(Trimming the Beef Sirloin)

등심은 소의 등쪽 안심과 갈비 부분 근처에 있는 살이다. 소 부위 중 맛이 좋기 때문에 영국의 찰스Ⅱ세가 즐겨먹던 부위로 알려졌으며 남작의 작위를 받을 만큼 훌륭하다 하여 Loin에다 Sir를 붙여 Sirloin이 되었다.

■ 소고기 등심 손질 방법과 순서

❶ 지방이 붙어있는 등심덩어리

❷ 제거할 등심의 두꺼운 부분의 힘줄에 가상의 선을 그어 제거한다.

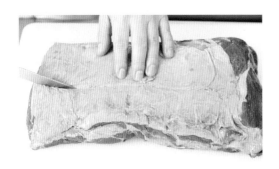

❸ 등심의 두꺼운 부분의 힘줄을 등심 처음부터 끝 부분까지 선을 그어 제거한다.

❹ 등심의 끝 쪽에 있는 지방과 고기 부분을 스킨 제거하듯 벗겨 낸다.

❺ 등심의 끝 쪽에 있는 지방과 고기 부분을 아래 부분까지 제거하듯 벗겨 낸다.

❻ 등심의 지방과 힘줄의 지방을 제거한 모습

❼ 제거가 덜 된 지방 힘줄을 모두 제거한다.

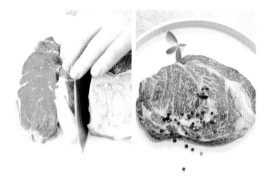

❽ 손질이 된 등심을 스테이크용으로 잘라 준비한다.

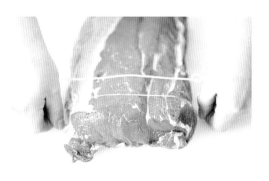

❾ 등신 덩어리 전체를 구이용으로 사용한다면 조리용 실로 묶어 팬에서 소테한 뒤 오븐에서 익힌다.

■ 스테이크의 굽기 정도

소고기는 익힌 정도에 따라 맛과 식감 그리고 향이 달라진다. 정확한 온도와 시간을 적용해 굽기 정도를 조절하는 것은 조리사가 반드시 익혀야 하는 기술이다. 스테이크를 구울 때 잘 달궈진 팬이나 그릴을 사용하여 강한 열이 고기의 표면에 접촉하도록 하여 육즙이 빠져나가는 것을 막아준다. 이것을 시어링Searing이라 하며 잘 익은 표면 육류의 표면 안쪽에 육즙이 많이 남아 있을수록 덜 익혀진 것이다. 고기의 익힘 정도를 눈으로 먼저 확인하고 위생장갑을 낀 손으로 스테이크의 중앙을 눌러보아 익은 정도를 확인한다.

굽기 용어	굽기 설명	굽기 정도	Finger Test
레어 (Rare)	육류 표면을 미디엄 레어보다 약간 덜 익힌 것이다. 75% 정도가 붉은색을 띠며 내부온도는 약 50℃ 정도이다.		
미디엄 레어 (Medium Rare)	레어보다 더 익힌 것으로 50% 정도가 익어 피가 흐르지 않으며, 스테이크의 맛을 느끼기에 가장 좋은 단계이다. 내부온도는 약 52~55℃ 정도이다.		
미디엄 (Medium)	미디엄 레어와 함께 스테이크의 최적의 맛을 느낄 수 있는 단계로 미디엄 레어보다 살짝 더 익힌 것이다. 육질이 미세한 틈을 보이기 시작하며 30% 정도가 붉은색으로 남아있고, 내부온도는 약 60℃ 정도이다.		
미디엄 웰던 (Medium Welldone)	붉은색이 일부 남아있기는 하지만 거의 다 익힌 것으로, 절단면 가운데 부분에 약간의 붉은색만이 감돈다. 육질의 결이 선명하게 나타난다. 내부온도는 약 65℃ 정도이다.		
웰던 (Welldone)	전체적으로 속까지 완전히 익힌 것이다. 색이 모두 갈색으로 바뀌어 절단면에 핏기가 보이지 않는다. 육류의 섬세한 맛을 느끼기는 힘들다. 내부온도는 약 70℃ 정도이다.		

6. 부처키친(Butcher Kitchen)

부처키친은 지원 주방의 한 영역으로 소, 송아지, 돼지, 양, 사슴뿐 아니라 닭고기, 칠면조, 오리, 거위 등 식재료로 사용 가능한 모든 육류와 연어, 광어, 농어, 송어 등을 포함한 그 외의 모든 해산물들까지 수없이 많은 종류의 다양한 식재료를 취급하는 곳이다.

부처키친은 육류, 가금류, 해산물과 채소나 소스 등의 다양한 품목들을 검수, 세척 및 손질, 저장 등의 역할을 수행하며 다른 부서의 주방에서 요구하는 품목들을 필요요건에 맞도록 준비해서 각 영업 주방에 공급한다. 육류와 어류를 손질하여 부위별로 나누며 그것들을 이용해 각종 햄이나 소시지 등의 육가공품과 훈제가공품을 만들기도 한다.

대부분의 일반 레스토랑이나 외식업체에서는 부처키친이 분리되어 운영되지 않고 찬 음식을 다루는 파트Cold Kitchen에서 그 업무를 대신하거나 손질 완료된 식재료를 공급받아 사용하는 추세이며 호텔도 특급호텔 규모의 일부 대형호텔에만 독립으로 부처키친이 존재한다.

Dressing, Salsa, Dip
드레싱, 살사, 딥

IX

1. 드레싱(Dressing)

드레싱이란 단어는 소스가 샐러드 위에 뿌려졌을 때 흘러내리는 모양이 마치 여자의 옷이 부드럽게 입혀지는 것처럼 채소에 입혀진다는 의미이다.

샐러드에 사용되는 다양한 종류의 차가운 소스들을 '드레싱'이라 말할 수 있다.

드레싱은 샐러드에 곁들였을 때 흐르는 정도의 액상형태인 부드러운 소스 또는 비네그레트이다. 신맛을 가지고 있고 차가운 상태로 유화가 이루어진 것이 특징이며 샐러드의 맛과 향미를 증진시키고 소화흡수를 돕는 역할을 한다.

차가운 소스의 일종인 드레싱은 주로 재료들을 가열하지 않고 섞어주는 형식으로 만드는데 주재료는 식물성 오일과 식초이다.

드레싱의 종류는 크게 오일과 식초를 기본으로 사용해서 만드는 비네그레트 소스와 달걀노른자, 오일, 식초 등을 기본으로 사용해서 만드는 마요네즈 소스로 나뉘며, 여기에 추가되는 향신료나 재료에 따라 매우 다양해진다.

1) 비네그레트(Vinaigrette)

우리가 흔히 프렌치드레싱이라고 말하는 소스로 Vinaigrette는 식초를 의미하는 프랑스어인 '비네그르 Vinaigre'에서 유래된 것이다.

비네그레트는 식초와 오일(1:3)을 기본 주원료로 하며 여기에 소금, 후추, 허브 등을 혼합하여 만든 소스이다.

비네그레트는 주로 샐러드류에 드레싱으로 사용되지만 다른 용도로도 이용한다. 비네그레트는 그릴에 구워내는 요리의 재료를 양념하는 기초 소스로 마리네이드의 역할을 하기도 하며, 해산물이나 육류를 이용한 전채요리나 주요리의 소스로도 사용되고, 음식을 찍어 먹도록 제공되는 디핑 소스로도 활용된다.

발사믹 비네그레트, 레몬 비네그레트 등으로 명명되는 이유는 사용한 식초의 맛이 소스의 맛을 결정짓는 중요한 요소이기 때문이며 사용량이 적음에도 불구하고 식초의 향이 기름의 향보다 강하기 때문이다.

2) 마요네즈

마요네즈는 달걀노른자, 오일, 식초를 배합하여 만들며 달걀노른자 때문에 안정된 유화상태를 유지하므로 형태가 잘 파괴되지 않는다.

마요네즈를 이용하여 다른 여러 가지 소스를 만들어 사용할 수 있으므로 마요네즈를 만들 때는 강한 향과 맛을 가지지 않는 오일과 식초를 사용해야 한다.

마요네즈는 단순히 빵류나 크래커 등에 바르는 스프레드Spread, 다른 재료를 추가하거나 농도를 조절하여 샐러드에 뿌리는 드레싱Dressing, 다양한 음식을 찍어먹는 디핑Dipping 소스로도 활용된다.

- 마요네즈를 유화시켜 만들 때 분리되는 원인
  - 볼이나 거품기 등에 수분이 있을 때
  - 달걀노른자, 오일, 식초가 너무 차갑거나 따뜻할 때, 재료 간 온도의 편차가 클 때
  - 달걀이 오래된 것일 때
  - 오일이나 식초를 너무 많이 넣었을 때
  - 달걀노른자의 유화속도보다 빠르게 오일이 첨가될 때

• 분리된 마요네즈 활용 : 분리된 마요네즈 재료는 따로 담아 놓고 처음부터 깨끗한 볼에 달걀 노른자를 잘 풀어준 다음 따로 놓은 분리된 마요네즈를 조금씩 넣어주면서 거품기로 잘 저어가며 혼합해 준다.

2. 살사(Salsa)

살사는 소스를 일컫는 에스파냐(스페인)어이다. 살사는 일반적으로 가열하지 않은 과일과 채소류를 혼합하여 만든 소스를 의미하지만 경우에 따라 가열조리한 후 식힌 재료들과 혼합하여 만들기도 한다.

살사소스는 레몬즙이나 라임즙, 식초, 포도주 등의 산 성분과 매운맛을 가진 채소, 허브류 등의 재료들을 넣어 강한 맛과 향미가 나도록 만든다. 주로 중남미 지역에서 많이 사용되고 있는 소스이며 특히 매콤한 맛이 나도록 만든 살사는 멕시코 전통요리 토르티야에 빠지지 않는다.

• 살사 로하(Salsa Roja) : 토마토와 붉은 고추를 사용하여 만든 붉은색 소스이다.
• 살사 베르데(Salsa Verde) : 토마토와 유사해 그린 토마토라고도 불리는 초록색 열매 토마티요와 녹색 고추를 사용하여 만든 초록색 소스이다.

3. 딥(Dip)

딥의 사전적 의미는 '살짝 담그다', '양념 소스'이다. 딥은 감자튀김, 크래커, 채소스틱 등을 찍어 먹는 사워크림, 크림치즈, 마요네즈 또는 이것들을 이용해서 만든 간단한 소스들 그리고 다양한 요리에 사용되는 쿨리와 퓌레 등이 포함된다.

딥은 아주 가벼우면서 부드러운 질감을 가진 것부터 질감이 매우 거칠거나 농도가 진한 것까지 다양하며 사용하는 재료와 만드는 방법 또는 사용용도에 따라 달리 만들어진다.

Cheese
치즈

1. 치즈의 개요

치즈는 양의 위 부분으로 만든 주머니에 우유를 담아서 사막을 횡단하던 아라비아 상인에 의해 발견된 것으로 추정된다. 이동 중 태양열로 인해 따뜻해진 우유에 양의 위로 만든 주머니의 주름진 곳이나 이음 부분에 남아있던 응유효소 레닌Rennin이 작용하면서 단백질이 응고되어 커드(Curd: 치즈의 원료)가 생성되고 웨이(Whey: 유청)가 분리되었던 것이 치즈의 시작인 것이다.

치즈를 의미하는 라틴어 Caseus와 틀이나 형태를 의미하는 라틴어 Forma에서 유래되어 영어 치즈Cheese, 프랑스어 프로마주Fromage, 독일어 카제Kase, 이탈리아어로는 카시오 또는 프로마지오Cacio/Fromaggio로 불린다.

자연치즈는 우유를 따뜻한 곳에 두어 젖산균에 의한 발효를 유도함으로써 자연적인 산화현상이 일어나도록 만들어 우유 속의 카세인Casein 단백질과 지방을 응고시키고, 유청을 제거한 다음 응고되어 남아 있는 것(커드: Curd)을 가압처리해서 얻은 신선한 응고물 또는 이것을 숙성시킨 것이다. 가공치즈는 이렇게 만들어진 자연 치즈에 다른 종류의 자연치즈를 혼합하거나 유제품 또는 첨가물을 추가하여 균질화나 유화시킨 것을 말한다.

2. 치즈의 제조

❶ 원료유 검사 : 침전물과 냄새 확인

❷ 살균 : 균 제거

❸ 응유효소 첨가(스타터, Rennet) : 카세인 단백질 응고

❹ 커드 절단 : 응유 물질 속의 유청과 수분 제거

❺ 커드 응집 : 커드 모아주기

❻ 커드 가열 : 유청 속에서 가열하여 조직감 형성

❼ 유청 제거 : 커드 덩어리만 남기기

❽ 커드 붙이기 : 압력을 가해 유청 배출

❾ 커드에 소금첨가 : 맛 증가, 미생물 번식 억제, 저장성 향상

❿ 틀에 넣기 : 잔존 유청 배출, 모양 형성(소창, 바구니, 틀)

⓫ 숙성 : 동굴과 비슷한 환경에서 숙성, 맛, 크기, 질감, 색 결정

        소금으로 문지르고 씻기고 말린 잎이나 밀랍코팅

        곰팡이나 배양균 등을 주입하거나 표면에 발라 박테리아에 의한 기공생성

모차렐라 치즈 만들기

3. 치즈의 분류

치즈는 주로 소의 젖으로 만들지만 양, 염소, 물소, 낙타, 당나귀, 말 등의 젖으로도 만든다. 원산지, 사용원료, 제조방법, 숙성여부와 방법, 수분이나 지방함량에 따른 질감 등등에 따라 그 종류가 수백 가지인 치즈를 간략하게 분류해보면 다음과 같다.

분류	특성		치즈
자연치즈	연질 : 수분함량 50% 이상	비숙성-숙성시키지 않은 신선치즈	Cottage, Queso-blanco
		세균 숙성-누런 표피 생성되고 내부는 크림형대 유지	Limburger
		곰팡이 숙성-흰 분말이 생긴 표피 생성되고 내부는 크림형태 유지	Camembert
	반경질 : 수분함량 40~50%	세균 숙성	Monterey-Jack, Brick, Mozzarella
		곰팡이 숙성 치즈	Gorgonzolla, Stilton, Roquefort
	경질 : 수분함량 30~40%	가스 공 있는 것	Emmental
		가스 공 없는 것	Cheddar, Gouda, Gruyere
	초경질 : 수분함량 25~30%		Parmesan, Romano
가공치즈	치즈를 혼합 또는 첨가물을 추가하여 균질화나 유화한 것		

■ 나라별 대표치즈

원산지	생치즈	숙성치즈
프랑스	Fontainebleau	Bleu d'Auvergne, Brie, Camembert, Munster, Neuchatel, Reblochon, Roquefort
스위스		Appenzeller, Emmental, Gruyere, Hobel, Raclette, Sapsago, Tate de Moine
이탈리아	Mascarpone, Ricotta	Bell Paese, Gorgonzola, Grana Padano, Mozzarella, Parmesan, Pecorino, Romano
영국	Cambridge	Cheddar, Cheshire, Provolone, Stilton
미국	Pot cheese, cream cheese	Brick, Blue, Colby
덴마크		Blue, Havarti
그리스		Feta
네덜란드	Cottage	Edam, Gouda
독일		Limburger, Muenster

4. 치즈의 보관

치즈는 발효식품으로 미생물들이 살아서 활동하고 있기 때문에 취급과 보관에 유의해야 한다. 치즈를 다룰 때는 박테리아의 오염방지를 위해 멸균·건조된 도구를 사용해야 하며 위생장갑을 착용하고 맨손으로 만지지 않도록 한다.

치즈는 각각의 특성에 맞는 적정 온도와 습도가 유지되면서 통풍이 잘 되는 어두운 곳에 보관해야 지방 분리현상과 곰팡이 생장, 산화 등을 방지할 수 있다. 표면에만 일부 곰팡이가 생성되었다면 생성 부위 안쪽으로 0.5cm 이상 제거해 주어 곰팡이의 침투를 차단해 주어야 한다.

원래 치즈를 숙성시키던 장소와 동일한 환경조건에서 보관되는 것이 가장 바람직하나 보통 소분되어 유통되는 요즘의 치즈들은 내수성과 내지성이 있는 식품용 포장제나 밀봉제로 포장 후 3~5℃ 내외의 냉장상태로 보관·유통된다. 사용 후 남은 치즈는 절단면이나 표면이 건조되지 않도록 종이포일로 싼 후 랩이나 알루미늄포일(자외선 차단이 필요한 곰팡이 치즈 등)로 한 번 더 감싼 다음 냉장에서 온도와 습도의 변화가 상대적으로 적은 편인 채소 서랍 칸에 보관하는 것이 좋다. 이때 완전히 밀봉되면 치즈에서 발생되는 암모니아가 치즈의 맛을 변화시키므로 미세한 구멍을 만들어 주도록 한다. 생치즈는 원래의 포장용기에 담겨 있는 액체에 담은 채 냉장보관한다. 냉동보관은 유익한 미생물을 사멸시키고 질감을 푸석하게 만들기 때문에 치즈의 맛과 풍미가 사라지므로 부적합한 방법이지만 치즈를 장기간 보관하기 위해서 또는 음식에 갈아서 곁들여야 할 때 뭉개지는 것을 방지하기 위해 단시간 냉동보관 후 사용하기도 한다.

종류		보관 방법
연질치즈	비숙성	0~3℃ 2~4주 정도 보관
	숙성	0~3℃ 6주 정도 보관
반경질치즈	0~5℃ 2~3개월 정도 보관	
경질치즈	0~8℃ 3~6개월 정도 보관	
초경질치즈	0~15℃ 12~24개월 정도 보관	
가공치즈	0~5℃ 3~8개월 정도 보관	

5. 치즈의 종류

1) Bleu Cheese

빵에 생성된 곰팡이가 치즈에 옮겨지면서 숙성되어 생겼다고 알려진 치즈로 푸른색의 곰팡이가 퍼져있는 반경질 치즈이다. 프랑스의 로크포르Roquefort, 이탈리아의 고르곤졸라Gorgonzola, 영국의 스틸턴Stilton 등이 여기에 해당되며 이것들은 세계 3대 블루치즈로 꼽힌다.

❶ Roquefort : 치즈의 왕으로 여겨지는 가장 오래된 프랑스 치즈로 상아색 치즈덩어리에 푸른색의 마블링이 퍼져 있고 부드럽지만 쉽게 부서지지 않으면서 블루치즈의 짜릿한 향미, 짭짤한 맛, 은근한 단맛이 나는 치즈이다. 루레르그 지역의 로크포르마을의 석회암 동굴에서 양젖을 이용해 만들기 시작했으며 최초로 원산지 명칭 보호 대상이 되었다.

❷ Gorgonzola : 이탈이아의 대표 블루치즈로 전체적으로 진한 크림색을 띠지만 표면과 안쪽에 녹색 빛의 무늬가 있고 지방함량이 높은 편이어서 매우 부드러운 질감을 지녔으며 강한 향은 있지만 자극적이지 않고 덜 짜며 쌉쌀하면서 은은한 감칠맛이 나는 치즈이다. 추위를 피해 알프스 산에서 내려온 소 떼들이 고르곤졸라에 머무르기 시작하였고 그 소들의 전유를 저온 살균하여 만든 치즈에 페니실륨 곰팡이가 피면서 이 치즈가 탄생되었다.

❸ Stilton : 영국의 블루치즈로 주름진 진한 황갈
색의 표면껍질 안에 미황색에 푸른 무늬가 있는
기름지면서 매끄럽고 찰진 질감의 속살이 있다.
부드러우면서 진한 버터 같은 풍미가 있고 쌉쌀
하면서 은은한 달콤한 맛이 나며 다른 블루치즈
에 비해 순한 맛이 있는 치즈이다. 레스터셔 지

역에서 압착하지 않은 커드를 소금에 절여 숙성시킨 후 스틸턴마을의 여관을 통해 공급하
기 시작했다. 곰팡이를 넣지 않고 숙성시킨 화이트 스틸턴은 푸른 무늬가 없으며 속살이 부
드러우며 독특한 향미가 있다.

2) Soft Cheese

가장 부드러운 질감의 연한 치즈로 숙성하지 않은 것과 곰팡이나 세균을 이용해 숙성한 치즈
가 있다.

❶ Cottage : 네덜란드의 숙성시키지 않은 프레시
치즈로 저온 살균한 우유에 스타터를 넣고 카세
인을 응고시킨 후 수분을 제거해서 만든 커드
치즈이다. 응유에 웨이(Whey: 유장) 또는 크림
을 섞어주어 알갱이 모양이 형성되며 질감이 부
드럽고 촉촉하다. 수분함량이 높으므로 저온에

서 보관해야 하며 제조 후 가능한 한 빠른 시일 내에 소비해야 한다. 커드에서 긴 시간 수분
을 제거하면 Pot Cheese가 되며 인도의 파니르
Paneer, 독일의 크바르크Quark도 코티지 치즈의
일종이다.

❷ Mascarpone : 이탈리아의 북부 지방 룸바르디
아에서 만들어지기 시작하였으며 부드럽고 맛이
좋아 유명해지면서 유럽 전 지역에서 생산되고

있다. 밀도가 높고 부드러운 크림형태를 지닌 이 치즈는 짜지 않고 치즈 특유의 향이 없어서 다양한 용도로 전 세계에서 사용되고 있다. 우유에서 추출한 생크림을 80℃ 정도에서 십여 분 가열 후 산성 성분을 첨가해서 응고시킨 커드를 차갑게 식혀서 만들기 때문에 지방함량이 60~70% 정도로 높고 크림의 향미가 있다.

❸ Camembert : 우유로 만든 세계에서 가장 유명한 프랑스 치즈로 목초가 무성하게 잘 자라던 프랑스 북서부 노르망디의 카망베르마을에서 만들어진 것이다. 페니실륨 속의 곰팡이로 숙성시켜 만든 것이며 노랗고 부드러운 크림형태의 속살을 흰 곰팡이로 덮인 껍질이 감싸고

있다. 1983년 원산지 명칭 통제 AOC 인증을 받은 것은 노르망디 카망베르Camembert de Normandie 하나이다.

3) Semi Hard Cheese

❶ Appenzeller : 스위스의 동부 지방인 아펜젤주에서 만들어진 치즈로 압착해서 숙성시켜 만들어진다. 갈색껍질 속에 있는 속살은 노르스름하고 기공의 크기가 작고 많지 않으며 밀도가 높으면서도 질감이 부드럽다. 일반적인 치즈는 소금물로 커드의 표면을 닦아주지만 이 치즈는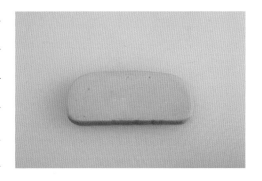

Sulz(와인, 소금, 이스트, 향신료 등의 혼합액)로 닦아 풍미를 더해주며 독특한 매운맛이 난다. 극히 소수의 지역에서 우유를 저온살균하지 않고 만들기도 한다.

4) Hard Cheese

❶ Chedder : 영국의 남서부 서머싯 평원의 체더 마을이 원산지인 치즈로 압착해서 오랜 시간 숙성시켜 수분함량이 적다. 커드를 벽돌 모양으로 잘라 용기 안에서 쌓고 뒤집으며 웨이를 제거하고 하나의 치즈로 응착시키는 과정을 체더링 Cheddaring이라고 하며 이 과정을 통해 만들어

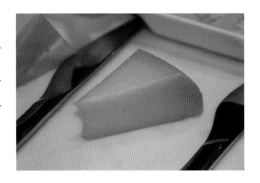

지고 있는 세계 각국의 치즈들을 체더치즈라고 부른다. 6~8개월가량 숙성시킨 치즈는 겉은 갈색이며 속살은 금빛의 노란색으로 탄력있지만 쉽게 잘릴 만큼 부드럽고 달콤한 향미와 순한 신맛이 난다. 저온에서 1년 이상 장기 숙성시키면 그 맛이 점점 더 진해진다.

❷ Edam : 네덜란드 북부 지방의 대표 치즈이며 이 치즈를 선적하던 항구마을 이름으로 통용되는데 정식명은 'Noord-Hollandse Edammer'이다. 속살은 담황색이며 부드러운 버터 풍미와 약한 짭쪼름한 맛, 은은한 신맛이 있는데 숙성될수록 진해진다. 표면은 14세기 이후부터 지금

까지 붉게 왁스 코팅되어 유통되는데 이는 수출되어 유통되는 동안 외부의 환경에 잘 견디게 하기 위해서이다.

❸ Emmental : 스위스 에메강 계곡에서 만들어지기 시작했으며 세계에서 가장 유명한 스위스 치즈로 둥글고 불규칙한 큰 기공들이 특징이며 이는 만화나 책 등에 소재로 사용될 정도로 유명하다. 이 기공은 숙성 중 프로피온산균이 가스를 발생시켜 형성된 가스공이다. 조직이 단단하

면서 탄력 있으며 달콤하면서 견과류의 향미가 난다.

❹ Gouda : 네덜란드 고다 지역의 유명한 치즈로 6세기경부터 만들었고 13세기부터 세계 여러 나라에 수출하기 시작했으며 정식명은 'Noord-Hollandse Gouda'이다. 네덜란드 치즈의 60% 이상이 고다치즈이며 이 치즈는 6개월에서 최대 3년까지도 숙성시키는데 처음에는 크림처럼

부드럽고 은은한 버터의 풍미가 나지만 숙성될수록 단단해지면서 치즈 특유의 강하고 톡톡한 맛과 향이 생성된다.

❺ Gruyere : 스위스 퐁뒤에 사용되는 것으로 유명한 스위스 치즈의 일종으로 표면은 황갈색의 끈적이는 느낌이 있으며 속살은 엷은 노란색으로 찰지면서 부드러운 질감에 작고 미세한 기공이 있다. 숙성기간이 길어지면 바삭거리는 질감이 형성되며 향과 짠맛이 강해진다. 접경지인

프랑스와 치즈명칭을 가지고 논쟁하였지만 1951년 스트레사 회의에서 두 나라 모두 그뤼에르를 브랜드명으로 사용하기로 합의했다.

❻ Tete de Moine : 15세기경 스위스 베른 지역의 수도원에서 만들기 시작한 치즈로 테트 드 무안은 '수도사의 머리'라는 의미이며 이 치즈의 모양이 수도사의 머리 모양과 닮았다고 붙여진 명칭이다. 신선한 목초와 허브를 먹인 소에서 얻은 우유로 만들어 약간의 매콤함과 부드러운 풀내음, 은은한 버터 풍미를 함께 가지고 있다. 지롤Girolle이라는 전용도구를 이용해서 예쁜

꽃 모양이 나도록 긁어서 깎아내어 사용하는데 이렇게 사용하면 치즈의 향미가 더 강하게 느껴진다.

5) Very Hard Cheese

❶ Grana Padano : 12세기경 베네딕토와 시토 수도
회 수사들이 방치되어 있던 이탈리아의 파두안
Paduan 평원을 개간하여 소를 사육하기 시작한 후
여분의 우유를 오래 보존하기 위해 만든 치즈이다.
지방함량을 줄이기 위해 크림의 반 정도를 제거하
는 과정과 커드를 잘게 잘라서 뜨거운 물에서 탄력

이 생기도록 휘저어주는 과정으로 인해 그라나(Grana: 이탈리아어 알갱이)라는 이름 그대로
알갱이처럼 씹히는 속살이 만들어졌다. 3~8mm에 이르는 갈색 빛의 두꺼운 껍질 안에 연한
황색을 띠면서 우아한 풍미를 지닌 속살이 있다. 파르미지아노 레지아노에 비해 제조 기준이
덜 엄격하고 만드는 시간과 숙성기간이 짧아 가격이 저렴한 편이며 이탈리아서는 '부엌의 남
편'이라고도 일컬어질 정도로 요리에 빠지지 않고 흔하게 사용된다.

❷ Parmigiano–Reggiano : 이탈리아 북부 파르마와
레지오 에밀리아 지역에서 주로 생산되던 단단한
치즈로 13세기에 고유 제조법이 확립되었고 지금까
지 변함없이 이어지고 있으며 이탈리아 '치즈의 왕'
으로 불린다. 보통 2~3년간 숙성시켜 6mm에 이를
정도의 단단한 황갈색의 껍질(표면보호를 위해 왁스

로 도포)이 있고 속살은 쉽게 부서지는 질감이며 짭짤하고 견과류의 맛과 은은한 과일향이
나면서도 강렬한 치즈의 짜릿함이 있다.

❸ Pecorino Romano : 기원전 고대 로마까지 거슬러
올라가는 역사를 지닌 이탈리아에서 가장 오래된
치즈로 페코리노(양젖으로 만드는 치즈를 총칭) 치
즈 중 하나이다. 이탈리아는 지역마다 페코리노 치
즈를 만드는데 그중 로마에서 만든 것이 페코리노
로마노이다. 단단한 껍질 속에 흰색에 가까운 미색

의 부서지기 쉬운 거칠거칠한 질감을 가진 작은 알갱이 입자들이 뭉쳐있는 듯한 속살이 있
다. 짠맛이 약간 강한 자극적인 치즈이지만 독특한 단맛과 진한 견과의 풍미가 있다.

Pate, Terrine, Galantine, Mousse, Forcemeat, Aspic, Ripening

XI 파테, 테린, 갤런틴, 무스, 포스미트, 아스픽, 숙성

유럽이나 서양요리는 매우 다양하며 전 세계적으로 유명하다. 그중에서도 지역적 특색이 강한 파테, 테린, 갤런틴과 다양한 포스미트의 활용과 육류의 숙성 등은 가르드망제나 부처키친에서 중요한 부분으로 자리 잡았다.

1. 파테(Pate)

파테는 고기나 생선 그리고 채소 등의 혼합물을 파이 도우Pie dough로 싸서 구운 것을 말한다.

파테 만드는 법은 우선 밀가루에 버터, 소금, 물 등을 넣고 단단하게 만든 파이 도우를 뚜껑이 있는 몰드형(파테 틀) 틀에 얇게 펴 놓는다. 그 안에 육류, 가금류, 어류 등을 다양한 채소와 소금, 후추, 허브, 그림 등과 함께 갈아서 만든 포

스미트를 넣는다. 그 후에 펴 놓았던 파이 도우의 나머지 부분을 말아서 감싸고 몰드의 뚜껑을 덮고 오븐에 구워 완성한다.

포스미트와 파이 도우 사이에 돼지기름이나 지방함유율이 높은 햄 또는 소시지 등을 얇고 넓

게 잘라 펼쳐 넣어 수축을 방지하고 결착력을 높여주기도 한다.

파테를 오븐에서 구운 후 꺼내어 뜨거울 때 몰드의 뚜껑 부위를 조금 열어서 콘소메나 젤라틴 등의 혼합액을 부어준 다음 차갑게 식혀서 응고시킨 후 슬라이스해서 제공한다. 파테는 주로 차갑게 제공되지만 콘소메나 젤라틴을 넣지 않은 것을 따뜻하게 제공하기도 한다.

2. 테린(Terrine)

테린은 고기나 생선, 채소 등의 혼합물을 그릇에 담아 단단하게 다진 후 차갑게 식혀 슬라이스해서 제공하는 음식을 말한다. 파테와 다른 점은 차갑게만 제공된다는 점이다.

테린은 내열성 도기 또는 스테인레스로 만든 테린 몰드(틀)라고 불리는 용기에 육류, 가금류, 어류, 채소, 크림, 허브, 양념 등의 다양한 재료

를 곱게 갈아 만든 포스미트를 담아서 중탕으로 익혀주고 차갑게 식힌 다음 용기에서 꺼내어 슬라이스해서 제공한다. 슬라이스하기 전에 표면의 수분과 유분을 제거해 주어야 뭉개지거나 부서지지 않는다.

포스미트에 약간의 아스픽(젤라틴)을 첨가해 단단하게 잘 다져지도록 하기도 하고 채소같이 익히지 않아도 되는 신선한 재료들을 서로 잘 엉겨 붙여 만드는 테린류를 만들 때도 아스픽을 사용한다. 이때 주재료의 맛을 해치지 않으면서 재료를 고정시킬 수 있는 정도로 소량만 사용하는 것을 권장한다.

전통적으로 테린은 유약을 바르지 않은 도기를 사용했었으나 지금은 위생적으로 사용할 수 있도록 만든 다양한 소재와 크기, 형태의 용기들을 사용하며 아주 작고 아름다운 테린몰드(틀)에 담아 만들었을 경우는 몰드(틀)와 함께 제공하기도 한다.

3. 갤런틴(Galantine)

갤런틴Galantine은 '닭'을 의미하는 프랑스의 고어 geline 또는 galine에서 파생된 말이며 닭의 뼈를 제거한 후 살코기를 채워 넣고 다시 봉해서 쪄내어 식힌 프랑스 전통요리를 의미한다.

가금류의 껍질을 벗기고 뼈를 제거한 살코기에 칼집을 넣어 부드럽게 해준 다음 벗겨내었던 껍질로 싸서 고정한다. 이것을 가금류의 부산물을 넣고 오래 끓여낸 진한 육수에 삶아내고 그 가금류에서 나온 천연젤리 성분 속에 머물도록 해서 식혀낸 후 슬라이스해서 차갑게 제공한다.

근래에는 다양한 종류의 육류, 가금류, 어류 등을 사용하며 그 재료들의 자체 껍질 또는 얇게 저며 넓게 펴서 만든 살코기에 포스미트를 넣고 소창을 이용해 둥글게 말아서 육수에서 익힌 후 식힌 다음 형태와 질감이 완성될 때까지 랩으로 싸서 냉장고에 보관해 두었다가 슬라이스하는 등 재료뿐만 아니라 만드는 방법 역시 다양해지고 있다.

발로틴Ballotine, 도딘Dodine, 룰라드Roulade는 사용하는 재료와 형태를 만드는 방식이 갤런틴과 유사하지만 이것들은 삶은 후 식혀내는 방식이 아닌 오븐이나 팬을 사용하여 구워내며 따뜻하게 제공한다.

4. 무스(Mousse)

무스는 '거품Foam'을 의미하는 프랑스어이며 매우 부드러운 크림상태의 음식들을 말한다.

무스의 맛을 내는 주재료는 고기, 생선, 채소, 치즈 중 한 가지 또는 여러 가지를 조합하여 사용하는데 이 재료들은 익힌 다음 식혀서 퓌레로 갈아서 사용한다. 이때 농도조절을 위해 벨루테나 크림 또는 마요네즈 등을 첨가하여 아주 부드러운 질감의 상태가 되도록 곱게 갈아서 크림과 유사한 형태로 만들어 준다. 안정성 형성을 위해 차가운 액상형태의 젤라틴을 소량 넣어주고 거품이 생기도록 휘저은 달걀흰자와 휘핑크림을 추가하여 거품처럼 가벼우면서도 부드러운 질감이 되도록 한다.

무스는 만드는 과정부터 제공되는 순간까지 충분히 차갑게 유지되어야 하며 다양한 모양으로 짜거나 틀에 넣어 굳혀낸다.

무슬린Mousseline은 무스와 만드는 방법은 동일하며 틀에 넣어 오븐에 구워 따뜻한 상태로 제공되는 것이다.

5. 포스미트(Forcemeat)

포스미트는 양념을 하여 다진 고기를 의미하며 가르드망제Garde Manger의 준비과정 기본 구성요소 중 하나로 파테, 테린, 갤런틴, 소시지 등에 사용하고 그 외 다양한 요리를 위한 속재료로도 사용된다.

포스미트는 다진 고기와 돼지기름 또는 크림, 채소, 향신료, 양념 등의 여러 가지 재료들을 함께 갈아서 걸쭉하게 만든 유화 혼합물로 사용용도에 따라 갈아주는 정도를 다르게 해서 부드럽거나 거친 질감을 조절한다. 조리 완료 후 제공을 위해 음식을 슬라이스했을 때 적절히 뭉쳐져 있어 부서짐이 없도록 만들어야 한다.

스트레이트 포스미트	보편적으로 많이 사용되는 중간 정도 질감으로 갈아준 것
컨트리 포스미트	약간 거친 느낌의 질감으로 갈아준 것
그라탱 포스미트	재료를 팬에 볶아서 익힌 후 빠르게 식혀낸 다음 중간 정도 질감으로 갈아준 것
무슬린 포스미트	생선이나 갑각류의 부드러운 살을 달걀과 함께 갈아낸 후 체에 걸러준 다음 크림을 섞어주어 매우 부드러운 질감으로 만든 것

6. 아스픽(Aspic)

아스픽이란 모양을 잡아 굳도록 만드는 역할을 하는 성분을 의미한다. 이 성분을 이용해 굳혀서 만든 요리 또는 굳힐 때 사용하는 틀도 아스픽이라고 부르기도 한다.

전통적으로는 어·육류 등을 뼈째 약한 불에서 오랜 시간 끓여내어 그 재료에 포함되어 있는 젤리Jelly 성분이 용출되도록 한 다음 국물에 있는 불순물들을 정제해서 맑은 상태의 찐득한 국물을 만들어 사용했다. 이 국물을 다른 재료(육류, 해산물, 채소, 과일)와 함께 용기(각종 틀)에 담아 차갑게 식혀내면 약간의 탄성을 갖으면서 용기의 모양대로 굳어지며 이 굳어진 것을 차가운 채로 슬라이스해서 제공했다.

근래에는 요리에 사용되는 빈도와 범위가 점점 확장되면서 형질이 유사하면서 사용이 편리하고 가격이 저렴한 편인 상품화된 젤라틴Gelatin을 많이 사용하기 시작했으며 여러 요리에 다양한 용도(요리대회, 농도조절, 결착, 코팅)로 활용하게 되었다.

7. 숙성

1) 마리네이드

마리네이드는 육류나 생선을 조리하기 전에 양념하는 것으로 향을 첨가함으로써 잡내를 제거해 주거나 다양한 재료들을 혼합해서 만든 액체에 담금으로써 질감을 부드럽게 만들기 위해서 하는 것이다. 소금, 후추, 올리브유, 와인, 식초, 채소, 과일, 허브류 등을 재료의 특성이나 조

리법을 고려하여 혼합하여 사용한다.

2) 육류숙성과 저장

동물은 도살 후 일정시간이 경과되면 근육이 신축성을 잃고 수축하여 단단해지는데 이를 사후 경직 또는 사후강직이라고 한다. 사후경직이 완료되기까지의 시간은 동물마다 다르며 보통 소는 24시간, 돼지는 12시간, 닭은 2~4시간 정도이다. 고기는 경직상태이거나 경직이 풀린 직후까지 는 단단할 뿐 아니라 맛도 없기 때문에 경직이 풀리기 시작하는 고기를 냉장고에 넣어 일정시간 저장함으로써 고기가 연해지고 맛도 좋아지게 만드는 것이다. 이것을 숙성이라고 한다. 고기가 숙성하게 되면 고기 근육을 형성하고 있던 단백질이 가수분해되어 핵단백의 분해산물과 아미노 산이 생성되어 감칠맛이 생기며 단백질은 군데군데 끊어져 고기가 연해지고 풍미도 좋아지는 것 이다.

■ 일반숙성(Wet aging)

육류는 0~4℃ 정도의 온도에서 저장하면 근육 내에 존재하던 효소에 의해 경직되었던 단백질 이 분해되어 연해지고 풍미가 좋아진다. 즉 ph 5.4 정도가 되면 젖산의 생성이 중지되고 산성에 서 활성을 갖는 분해효소에 의해 단백질이 분해되기 시작하는데 자체의 성분이 자기효소에 의해 분해되는 현상을 자가소화라 한다. 자가소화가 일어나면 고기가 연해지고 맛이 좋아지는 것이다. 이러한 과정을 숙성이라고 한다. 숙성이 완료되는 기간은 소고기의 경우 0℃ 기준일 때 약 10일 이며 그 이하에서는 더 길고 그 이상에서는 더 짧다.

■ 건조숙성(Dry aging)

건조숙성이란 일정한 온도, 압력, 습도 등을 갖춘 저장시설에서 진공포장 없이 육류를 매달 아 두고 공기를 순환시키면서 4~6주간 숙성시 키는 것이다. 인류는 수렵생활을 하던 시절부터 육류를 매달아 숙성시킨 후 식용해 왔었다. 그러 나 미생물이 번식하여 식중독을 유발할 수 있다

는 이유로 냉장, 냉동기술의 발달과 함께 사라졌던 방법이다. 근래 들어 육류를 건조 숙성시키면 지방이 줄고 맛이 증가한다는 점이 이슈화되면서 위생적인 시설을 갖추고 육류를 건조 숙성시키는 곳이 많아지고 있다. 건조숙성 시 육류는 표면이 마르면서 내부 숙성이 원활해져 단백질이 자기효소에 의해 분해되고 아미노산과 핵산이 증가하기 때문에 육질이 부드러워지고 풍미가 증가한다.

■ 냉장저장(Refrigeration)

육류를 냉장고에 보관 시 가장 중요한 것은 온도조절이다. 숙성과정을 마친 육류는 냉장고의 가장 차가운 위치에 저장해서 약 2℃ 정도를 유지히는 것이 가장 좋다. 육류의 가장 좋은 저장법은 냉장저장으로 육류를 어는 점 이상이지만 가장 낮은 온도에 저장함으로써 물리적인 변화를 차단해주어 육류의 맛과 질감의 변화를 방지한다.

■ 냉동저장(Freezing)

육류를 장기간 보관 시 냉장온도에서는 변성과 부패가 일어날 수 있으므로 급속냉동시켜야 한다. 육류를 천천히 얼리면 얼음결정이 커져서 근육세포를 파괴하여 해동 시 육즙Drip이 많이 용출되어 맛이 없어지고 질겨진다. 그렇기 때문에 밀봉하여 −30℃~−40℃에서 급속냉동을 시키고 −18℃ 정도에서 저장하는 것이 좋다. 그리고 사용할 때는 실온은 미생물의 성장에 좋은 환경이므로 냉장에서 서서히 해동하는 것이 바람직하다.

Part 2

PRACTICE
실기

Seabream and Potato with Fennel

도미와 감자 그리고 펜넬

Ingredients

Seabream 2pc

Potato 3pc

Cherry Tomato 3pc

Fennel 20g

Saffron Juice 30ml

Chive 2pc

Balsamic Sauce 10ml

Olive Oil 10ml

Method of Cooking

1 도미를 감자보다 조금 크게 2장 손질하여 레몬주스와 소금, 후추, 올리브오일로 마리네이드한다.

2 감자는 둥근 원형 틀로 찍거나 원통형 모양으로 썰어 소금을 넣은 물에 50% 정도 익도록 삶아 놓는다.

3 펜넬을 슬라이스하고 사프란 주스에 20분 정도 담가 노란색이 되도록 만들어 놓는다.

4 준비된 도미와 감자를 팬에서 브라운색이 나도록 익혀 놓는다.

5 체리토마토는 얇게 슬라이스하여 준비한다.

6 준비된 재료를 감자, 도미, 토마토 순서로 팀발 모양으로 조심스럽게 쌓으면서 접시에 담는다.

7 올리브오일과 식초를 넣어 만든 기본 비네그레트에 차이브를 넣어 차이브 비네그레트를 만들어 준비한다.

8 준비된 접시에 차이브 비네그레트를 뿌리고 비네그레트 소스위에 발사믹 졸인 것을 조심스럽게 올려 뿌린다.

9 장식으로 차이브를 길게 올려 마무리한다.

• 감자는 물에 한 번 삶아 팬에서 색을 내야 감자 표면의 색이 고르게 나온다.

• 차이브 비네그레트 소스를 뿌리고 그위에 발사믹 소스를 조심스럽게 올려야 섞이지 않는다. (시간이 지나면 자연스럽게 소스가 섞이게 된다)

• 펜넬은 사프란 소스에 15분 정도 담가 노란색이 질 스며들도록 해야 하며, 사프란 대신 치자를 사용할 수 있다.

Tuna and Chervil in Turnip Pickle with Citron Vinaigrette

참치와 처빌을 넣은 무 피클에 유자 비네그레트

Ingredients ————

Tuna 40g

Chervil 1pc

Dill 1pc

Lemon Juice 20ml

Olive Oil 20ml

Turnip 30g

Vinegar 10ml

Chive 4pc

Beet 20g

Celery 20g

Onion 20g

Grapefruit 30g

Sorrel 1pc

Salt, Pepper

Method of Cooking ————

1 참치는 소금물에 씻어 불순물을 제거하고 소창에 싸서 냉장고에서 해동한 뒤 꺼내 작은 주사위 모양으로 썰어 준비한다.

2 준비한 참치를 처빌, 딜, 레몬주스, 올리브오일로 마리네이드한다.

3 무를 슬라이스 기계에 속이 비치도록 얇게 원형으로 슬라이스하여 놓는다.

4 슬라이스한 무를 식초와 설탕, 레몬주스로 30분 정도 절여 놓는다.

5 끓는 물에 차이브를 살짝 데쳐서 준비한다.

6 절여 놓은 무를 펼쳐 양념한 참치를 가운데에 올려놓고 둥근 모양으로 말아준 다음 데친 차이브로 양쪽을 캔디 모양으로 묶어 준비한다.

7 비트와 셀러리, 양파를 작고 비슷한 크기의 주사위 모양으로 썰어 장식으로 사용한다.

8 준비된 접시에 캔디 모양의 피클 2개를 올려 담고 채소와 자몽 비네그레트를 뿌려 완성한다.

9 딜과 소렐을 올려 마무리한다.

Chef Tip ————

• 차이브는 끓는 물에 매우 빠르게 데쳐 얼음물에 담가 사용해야 한다.

• 무 피클을 차이브로 양쪽을 묶을 때 너무 힘을 주면 차이브가 끊어질 수 있어 살짝 묶어주도록 한다.

• 기본 비네그레트 소스에 자몽주스와 과육을 같이 사용해야 한다.

Bourgogne Style Escargot with Herb

부르고뉴식 달팽이와 허브

Ingredients

Escargot 12ea

Onion 20g

Carrot 20g

Celery 10g

Whole Pepper 5ea

Red Wine 20ml

Garlic 1ea

Thyme 3pc

Glace de Viande 10ml

Baby Chicory 1pc

Spinach 50g

Olive Oil 20ml

Lemon Juice 15ml

Fresh Cream 10ml

Method of Cooking

1 달팽이는 양파, 당근, 셀러리, 월계수잎, 통후추, 화이트와인이나 레드와인을 넣고 2시간 이상 약한 불에서 삶아 좋지 않은 냄새를 제거하여 준비한다.

2 캔 달팽이의 경우에는 미르포아를 넣은 끓는 물에 데쳐서 사용한다.

3 삶은 달팽이를 마늘과 타임 다진 것, 버터를 넣은 팬에 레드와인과 글라스 드 비앙Glace de Viande 소스를 넣고 볶아준다.

4 시금치를 씻어 5cm 크기로 잘라 양파와 마늘, 버터를 넣고 팬에서 볶다가 생크림을 넣어 준비한다.

5 달팽이 전용 접시를 준비해 볶은 시금치를 바닥에 조금씩 깔아 준비한다.

6 달팽이 크기가 작은 경우 구멍에 2개씩 담고 여분의 소스를 뿌려 완성한다.

7 장식으로 타임을 올려 마무리한다.

• 프레시 달팽이는 좋지 못한 흙냄새가 날 수 있어 미르포아와 와인으로 천천히 오랜 시간 끓여야 부드러운 달팽이 요리를 만들 수 있다.

• 달팽이 전용 접시를 준비해 담으면 보기 좋게 담을 수 있으나 일반 접시에 담아도 무방하다.

• 볶은 달팽이를 전용 용기에 담고 여분의 소스를 위에 뿌려야 마르지 않고 먹음직스럽게 담아낼 수 있다.

• 레드와인과 타임은 달팽이 요리와 잘 어울리는 허브 식재료이다.

Scallop and Porcini Mushroom With Balsamic Vinaigrette

관자와 포르치니 버섯 그리고 발사믹 비네그레트

Ingredients

Scallop 3ea

Porcini Mushroom 20g

Shallot 20g

Dill 5g

Chive 5g

Olive Oil 20ml

Lemon Juice 5ml

Butter 10g

White Wine 20ml

Balsamic Sauce 20ml

Method of Cooking

1 마른 포르치니 버섯을 따뜻한 물에 20분 정도 담가 놓는다.

2 가리비 관자는 딜과 차이브, 올리브오일, 레몬주스, 소금, 후추로 10분 정도 마리네이드한다.

3 샬롯을 다져서 팬에 버터를 넣고 볶다가 마리네이드한 관자를 넣고 계속 볶으면서 버터와 화이트와인으로 익혀 준비한다.

4 불려놓은 포르치니 버섯을 꺼내 물기를 꼭 짜고 비슷한 크기로 자른다.

5 팬에 버터를 넣고 물기를 제거한 포르치니 버섯을 중불에서 볶으면서 소금, 후추로 간을 한 뒤 꺼낸다.

6 준비된 접시에 관자를 먼저 담고 포르치니 버섯을 보기 좋게 올려 완성한다.

7 담아놓은 관자와 포르치니 버섯 위에 발사믹 소스를 뿌리고 장식용 허브를 올려 마무리한다.

• 마른 포르치니 버섯은 모양이나 크기가 일정하지 않아 비슷한 크기로 고르거나 칼로 잘라 사용해야 하며, 물에 불린 포르치니 버섯의 물도 버섯 스톡으로 사용할 수 있으나 향이 진해 소량만 사용하도록 한다.

• 발사믹 소스를 접시에 뿌릴 때에는 일회용 페이스트리 백이나 짤주머니를 이용한다.

Scallop and Avocado Timbale with Saffron Sauce

아보카도와 관자살 팀발과 사프란 소스

Ingredients

Court-bouillon 40ml

Scallop 3ea

Avocado 40g

Asparagus 1ea

Round Mold 1ea

Cream Cheese 30g

Paprika 20g

Cucumber 10g

Saffron 1g

White Wine 30ml

Method of Cooking

1 미르포아를 넣고 쿠르부용Court-bouillon을 만들어 놓는다.

2 관자살을 쿠르부용에 데쳐서 준비한다.

3 데친 관자살과 잘 익은 아보카도의 껍질을 벗겨 스몰 다이스Small Dice로 썰어 놓는다.

4 데친 아스파라거스를 얇게 슬라이스하여 접시 바닥에 사각형으로 고르게 깔아 준비한다.

5 원형 틀Mold을 준비해서 바닥부터 크림치즈, 아보카도, 관자살 순서로 틀에 채워준 뒤 냉장고에서 30분 정도 휴지시킨다.

6 주황 파프리카를 얇게 슬라이스하여 찬물에 15분 정도 담가 놓는다.

7 오이도 얇게 슬라이스하여 찬물에 5분 정도 담가 놓는다.

8 아스파라거스를 올린 접시에 휴지시킨 몰드에서 팀발을 꺼내 아스파라거스 위에 올려준다.

9 준비된 파프리카와 오이를 물기를 제거해 올려 완성한다.

10 비트순을 올리고 접시에 사프란 소스를 보기 좋게 뿌려 마무리한다.

- 아스파라거스는 얇게 슬라이스하여 접시에 올리고 길이를 맞춰 접시에서 칼로 잘라 사용한다.

- 사프란을 화이트와인에 넣고 열을 가해 기본 비네그레트에 넣어 소스를 만들고 사프란 찌꺼기는 걸러 사용하는 것이 고급 요리에 속하나 근래에는 가격이 고가인 사프란의 사용을 확인하기 위해 거르지 않고 사용도 하는 추세이다.

Shallow Poaching Lobster with Herb Sherry Wine Vinaigrette

바닷가재와 허브 셰리와인 비네그레트

Ingredients

Fresh Lobster 1ea

Court-bouillon 40ml

Red Paprika 20g

Tomato 30g

Eggplant 30g

Celery 30g

Chive 5g

Dill 5g

Sherry Wine 20ml

Lemon Juice 20ml

Vinegar 20ml

Method of Cooking

1. 산 바닷가재의 집게와 몸통을 전용 가위로 분리한다.

2. 쿠르부용Court-bouillon에 바닷가재 집게와 꼬리Tail를 살짝 데쳐낸다.(샬로 포칭)

3. 붉은 파프리카는 칼로 매우 얇게 슬라이스하여 얼음물에 20분 정도 담가 놓는다.

4. 토마토와 가지는 슬라이스하고 셀러리는 다이스로 썰어 준비한다.

5. 데친 가재 꼬리살은 슬라이스하고 집게는 껍질을 벗겨 허브와 셰리와인 비네그레트로 절여 놓는다.

6. 준비된 모든 채소도 허브 셰리와인 비네그레트에 버무린다.

7. 준비된 접시에 토마토, 바닷가재 꼬리, 셀러리, 가지 순으로 팀발 모양으로 층층이 쌓아 올려 담는다.

8. 가재 집게는 살을 발라 장식으로 사용하고 파프리카와 차이브를 올려 완성한다.

9. 준비된 허브와 셰리와인을 넣어 비네그레트를 만들어 뿌려 마무리한다.

- 샬로 포칭Shallow Poaching은 습식열 조리방법으로 간단하거나 빠르게 삶는 방법으로 단백질 식품 등을 비등점 이하의 온도(65~92℃)에서 끓고 있는 물, 혹은 액체 속에 담가 익히는 방법으로 낮은 온도에서 조리함으로써 단백질 식품의 건조하고 딱딱해짐을 방지하고 부드러움을 살리는 장점이 있다.

- 애피타이저 소스나 드레싱은 스푼으로 2스푼이나 3스푼 미만으로 곁들이면 적당하다.

King Prawn and Asparagus with Caviar Cream

왕새우와 아스파라거스에 캐비아 크림

Ingredients

King Prawn 2ea

Onion 10g

Carrot 10g

Celery 5g

White Wine 10ml

Asparagus 6ea

Fresh Cream 20ml

Beluga Caviar 2g

Lemon Juice 5ml

Salt, Pepper

Method of Cooking

1 새우는 내장을 제거하고 쿠르부용에 삶아 준비한다.

2 아스파라거스는 껍질쪽 섬유질을 얇게 제거하고 끓는 물에 데쳐 준비한다.

3 생크림을 졸이다가 벨루가 캐비아와 레몬주스, 화이트와인, 소금, 후추를 섞어 잠시 후 끓어오르면 꺼내 준비된 접시 바닥에 여유있게 뿌려 준비한다.

4 캐비아 크림을 올린 접시 위에 데친 아스파라거스를 가지런히 올린다.

5 파르미지아노 치즈를 팬에 녹여 열기가 있을 때 둥근 모양으로 말아 원통형으로 준비해 아스파라거스 위에 올린다.

6 준비된 새우를 원통형 치즈 위에 올려 완성한다.

Chef Tip

• 파르미지아노 치즈는 치즈 그라인더에 갈아 팬에서 열을 가하고 나서 뜨거울 때 꺼내서 원통형으로 말아 식혀야 모양이 만들어진다.

• 캐비아 크림 소스는 생크림을 먼저 냄비에서 끓어오르기 바로 전까지 열을 가하고 불에서 내려 캐비아를 넣고 섞어 주듯이 만들어야 한다.

Brandade of Cod Quenelle with Bisque Vinaigrette

대구 브랑다드 커넬에 비스크 비네그레트

Ingredients

Cod 60g

Fresh Cream 30ml

Lemon Juice 20ml

White Wine 20ml

Dill 5g

Onion 15g

Carrot 15g

Celery 10g

Tomato Paste 30g

Thyme 3g

Bay Leaf 1pc

Sorrel 1pc

Chive 1pc

Chervil 1pc

Method of Cooking

1 대구살에 생크림, 소금과 레몬주스, 화이트와인을 넣고 믹서에 곱게 갈아준 뒤 다진 딜을 넣어 준비한다.

2 대구살을 발라내고 남은 뼈로 스톡과 비스크 소스를 만든다.

3 비스크 소스는 생선머리와 뼈를 화이트와인으로 볶다가 양파, 당근, 셀러리를 넣어 볶고 여기에 토마토 페이스트를 넣고 계속 볶은 뒤, 타임, 딜, 월계수잎, 통후추, 생크림을 넣어주고 그다음 스톡을 넣고 1시간 정도 은근하게 끓여 낸다.

4 끓인 소스를 체에 한 번 걸러서 식혀 놓는다.

5 식힌 소스에 생크림과 소금, 후추로 간을 맞추어 준비된 접시에 2~3스푼 뿌려준다.

6 곱게 갈아놓은 대구살을 스푼 2개를 이용해 커넬 형태로 만들어서 쿠르부용에 삶아 준비한다.

7 준비된 접시에 순서대로 담아 완성한다.

8 장식으로 소렐, 차이브, 처빌을 올려 마무리한다.

• 대구살은 곱게 무스형태로 갈아주어야 하며, 생크림과 화이트와인, 레몬주스 등을 넣고 치대어 주어야 표면이 매끄럽게 만들 수 있으며, 딜과 타임은 마지막에 넣어 주도록 한다.

• 커넬 형태를 잘 만들기 위해서는 무스의 농도가 중요하며, 또한 커넬 스푼 2개로 몸쪽 밖에서 안으로 계속적인 반복작업이 필요하다.

Sauteing Sea Scallops with Green Sauce Parisienne

팬에 구운 관자와 그린 소스에 둥근 채소

Ingredients ———

Scallop 60g

Spinach 40g

Carrot 30g

Squash 1/4ea

Turnip 40g

Leek 20g

Fresh Cream 30ml

Butter 40g

Flour 40g

White Wine 40ml

Salt, Pepper

Chervil 1g

Olive Oil 50ml

Red Paprika 10g

Method of Cooking ———

1 생선뼈는 핏물을 빼고 채소는 길게 썬 다음 버터를 두른 팬에 볶아 물과 나머지 향신료를 넣고 Fish Stock을 만든다.

2 관자살은 손질하여 소금, 후추로 간한다.

3 시금치는 믹서에 곱게 갈아 소창에 걸러 건더기는 버리고 즙을 포트에 담아(85~90℃ 정도의) 중탕으로 엽록소를 추출한다.

4 호박, 당근, 무와 단호박을 Parisienne 도구를 이용해 원형으로 파서 소금 넣은 끓는 물에 데쳐 놓는다.

5 미니 채소들을 물에 담가 싱싱하게 준비한다.

6 밀가루와 버터를 20g씩 넣고 블론드 루를 만들어 생선육수와 와인을 부어 벨루테Fish Veloute를 만든 다음 생크림을 넣고 끓이다가 시금치 엽록소와 소금, 후추로 간하여 Green Fish Sauce를 만든다.

7 데친 원형 채소는 프라이팬에서 버터, 소금을 넣고 볶아 준비한다.

8 관자에 밀가루를 묻혀 버터 두른 팬에 연한 갈색으로 Saute한다.

9 준비된 접시에 관자 살을 중앙에 담고 그린 소스를 뿌린 후 볶아 놓은 채소를 보기 좋게 곁들이고 준비한 미니 채소와 파프리카를 올려 완성한다.

- 시금치 엽록소를 추출할 경우 시금치 주스를 중탕으로 열을 가하면 물과 엽록소가 분리되는데 이때 엽록소만 걸러 사용한다.

- Parisienne 도구를 이용해 채소를 원형으로 파낼 경우 깊이를 깊게 파내서 채소의 원형이 높고 둥글게 나와야 한다.

- 관자를 팬에서 익힐 경우 밀가루를 고루 입혀 색이 고르게 나와야 한다.

Vegetarian Mushroom Timbale with Jeju Hallabong

베지테리언 버섯 팀발과 제주 한라봉

Ingredients

Mushroom 30g

New Pine Mushroom 30g

Onion 10g

Celery 10g

Jeju Hallabong 2pc

Olive Oil 20ml

Hallabong Juice 20ml

Lemon Juice 10ml

Salt, Pepper

Tomato Concasse 20g

Balsamic Sauce 20ml

Method of Cooking

1   양송이버섯과 새송이버섯을 스몰 다이스로 썰어 팬에서 수분이 날아가도록 볶아 놓는다.

2   양파와 셀러리, 토마토를 같은 크기인 스몰 다이스로 썰어서 준비한다.

3   제주 한라봉의 속살을 칼로 빼내고 나머지는 주스로 만들어 놓는다.

4   준비된 채소를 믹싱볼에 담고 올리브오일 1, 한라봉 주스 1, 소금, 후추를 넣고 버무려준다.

5   원형 틀Mold을 준비해 접시 위에 올려놓고 준비된 4를 살짝 눌러주면서 담아낸다.

6   냉장고에서 15분 정도 휴지시킨다.

7   냉장고에서 꺼내 틀을 제거한 후 접시에 담아 놓는다.

8   한라봉 주스, 올리브오일, 레몬주스로 소스를 만들어 준비된 접시에 한라봉 소스를 뿌리고 그 위에 발사믹소스를 곁들여 완성한다.

• 한라봉은 겨울이 제철이나 재료 준비가 어렵다면 오렌지로 대체할 수 있다.

• 접시에 한라봉 소스를 뿌리고 그 위에 발사믹 소스를 올려 연출한다.

• 몰드에 재료를 채울 때에는 몰드를 제거하고 난 후 보이는 색감에 대해 신경을 써야 한다.

• 한라봉 소스에 들어가는 한라봉은 과육을 사용해도 되고 부족하다면 오렌지 주스를 사용하도록 한다.

Sous vide Salmon with White Truffle Form Sauce and Baby vegetable

수비드 연어에 화이트 트러플 폼 소스와 미니 채소

Ingredients

Fresh Salmon 100g

Lemon Juice 20ml

Truffle Oil 30ml

Dill 10g

Fresh Cream 30ml

Milk 30ml

Salt, Pepper

Butter 20g

Coconut 10g

Pistachio 10g

Almond Slice 3ea

Black Oliove 1ea

Okra 1ea

Aspargus 1ea

Radish 1ea

Cauliflower 2pc

Method of Cooking

1   연어를 손질해 1인분 분량으로 잘라 소금, 후추, 딜, 레몬 주스로 마리네이드한다.

2   블랙올리브는 얇게 슬라이스로 썰어 준비한다.

3   아스파라거스는 껍질의 섬유질을 벗겨 끓는 물에 살짝 데쳐 준비한다.

4   피스타치오는 칼로 다져 놓는다.

5   우유는 거품기로 거품을 내고 화이트 트러플오일을 섞어 폼 소스로 사용한다.

6   컬리플라워는 작은 크기로 손질하여 끓는 물에 데쳐 놓는다.

7   나머지 채소들은 얼음물에 담가 싱싱하게 만들어 준비한다.

8   마리네이드한 연어를 화이트와인, 딜, 레몬, 통후추를 넣은 비닐팩에 넣어 진공포장한다.

9   진공포장한 연어는 수비드 머신에 넣고 60℃에서 30~40분 정도 담가 수비드한다.

10   밀가루, 오일, 물을 1:3:7 비율로 섞어 튀일 장식을 준비한다.

11   준비된 접시에 수비드한 연어를 올리고 채소와 피스타치오를 담고 화이트 트러플 폼 소스를 올려 완성한다.

 Chef Tip

• 수비드할 때 진공포장기가 준비되어 있지 않다면 비닐팩에 넣어 물이 들어가지 않도록 만들어 주면 진공포장을 하지 않아도 사용할 수 있다.

• 연어 대신 광어, 농어, 도미 등 다른 생선도 사용할 수 있다.

• 튀일 장식은 밀가루와 오일, 물을 모두 섞어 팬에서 물이 없어지도록 가열하면 쉽게 만들 수 있다.

• 준비된 채소들을 보기 좋게 담아내는 방법이 필요하다.

• 폼 소스를 만들 때 우유의 거품이 살아 있도록 서빙 직전 마무리 단계에 뿌리도록 한다.

Paprika Chervil Stuffed Shrimp Roulade

파프리카와 처빌로 속을 채운 새우 룰라드

Ingredients ———————

Shrimp 5ea

Red Paprika 10g

Orange Paprika 10g

Green Paprika 10g

Onion 10g

New Pine Mushroom 10g

Chervil 1pc

Pickling Spice 15g

Cucumber 5g

Brussels Sprouts 20g

Lemon 10g

Method of Cooking ———————

1   새우의 내장을 제거하고 손질해서 넓게 펴서 준비한다.

2   붉은 · 주황 · 파란 파프리카를 같은 크기로 슬라이스하고 끓는 물에 데쳐 얼음물에 빠르게 식혀서 준비한다.

3   양파와 새송이버섯, 처빌도 데쳐서 준비한다.

4   피클링 스파이스를 준비해 찬물에 넣고 끓어오르면 스파이스를 건져내고 레몬과 오이, 브뤼셀 스프라우트를 넣고 피클을 만들어 놓는다.

5   준비된 새우를 바닥에 펴서 놓고 그 위에 파프리카, 새송이버섯, 양파, 처빌을 올려주고 둥그렇게 말아준다.

6   말아놓은 새우를 170℃에서 15분 정도 익혀준다.

7   준비된 접시에 새우를 1cm 두께로 썰어 2쪽을 올리고 발사믹 소스는 붓으로 접시에 그림을 그리듯 칠해준다.

8   절인 오이와 브뤼셀 스프라우트를 곁들여 완성한다.

• 룰라드는 모든 채소와 새우의 수분을 제거해 주어야 가운데 부분이 뜨거나 벌어지지 않는다.

• 발사믹소스로 접시에 칠해주는 작업은 여러 번 반복해서 그려 보아야 한다.

• 룰라드를 만들어 썰어줄 때 가운데 부분이 벌어지지 않아야 룰라드가 부서지지 않는다.

Chiken Wing and Spring Onion with Port Wine Glazing

포트와인에 조린 닭날개

Ingredients

Chicken Wing 1ea

Port Wine 40ml

Stock 40ml

Potato 30g

Plum 20g

Spring Onion 3ea

Starch Syrup 20ml

Method of Cooking

1 닭날개 부위를 양손으로 잡아 비틀어 뼈 2개 중 1개만 남기고 뒤집어 사진과 같은 모양을 만들어준다.

2 포트와인과 스톡을 1:1로 섞고 물엿을 넣어 졸여주면서, 손질한 닭날개를 넣어 익힌다.

3 감자를 길게 채를 쳐서 원통형 막대에 감아 오일에 튀겨 준비한다.

4 건자두를 포트와인에 같이 절여서 준비한다.

5 실파를 끓는 물에 빠르게 데쳐 얼음물에 담가 식혀 놓는다.

6 준비된 접시에 감자를 둥그렇게 담고 건자두를 올려 놓는다.

7 조린 닭날개를 위에 담고 실파를 감자 옆에 담아낸다.

8 포트와인 졸인 소스를 접시에 뿌려 마무리한다.

• 닭날개를 비틀어 뼈 2개 중 1개만 남기고 1개는 반대 방향으로 틀어 빼내야 날개살 이 부서지지 않는다.

• 포트와인과 스톡을 넣고 물엿의 양을 조절하면서 많은 양을 사용하지 않아야 한다.

• 실파 대신 차이브를 사용해도 좋다.

Grilled Seabream with Herb Sherry Wine Vinaigrette

구운 도미와 허브 셰리와인 비네그레트

Ingredients —————

Seabream 70g

Lemon 2pc

White Wine 30ml

Olive Oil 20ml

Squash 20g

Tomato 40g

Eggplant 20g

Mushroom 20g

Garlic 10g

Carrot 10g

Beet Sprouts 5g

Baby Vitamin 5g

Sherry Wine 30ml

Dill 5g

String Beans 1ea

Method of Cooking —————————

1   도미를 손질해 레몬과 화이트와인, 올리브오일에 30분 정도 마리네이드한다.

2   마리네이드한 도미를 그릴 또는 팬에서 갈색이 나도록 구워 준비한다.

3   애호박, 토마토, 가지, 양송이, 마늘 등을 스몰 다이스로 썰어 팬에서 수분이 날아가도록 볶아준다.

4   당근, 비트순, 베이비 비타민, 스트링빈스 등은 얼음물에 담가 싱싱하게 준비해서 작은 것으로 접시에 담아준다.

5   셰리와인에 토마토 스몰 다이스를 넣고 한 번 끓여서 식힌 뒤 레몬주스, 올리브오일, 허브를 넣고 비네그레트 소스를 만들어 놓는다.

6   준비된 재료 중 볶은 애호박, 토마토, 가지, 양송이, 마늘을 섞어 몰드를 준비해 동그란 모양으로 접시에 담는다.

7   채소 위에 구운 도미를 올려 쓰러지지 않도록 담아 낸다.

8   베이비 채소와 당근, 빈스 등을 접시 주위로 담아 내고 셰리와인 비네그레트를 뿌려 완성한다.

• 도미는 애피타이저의 1인분 크기로 만드는데 너무 크지 않아야 한다.

• 채소를 볶아 접시에 담을 때 너무 차갑게 식혀 담게 되면 원통형이 무너지거나 부서질 수 있어 주의해야 한다.

• 작은 베이비 채소들은 얼음물에 담가 싱싱하게 제공한다.

Shrimp and Scallop Salpicon

새우와 관자 살피콘

Ingredients

Onion 20g

Carrot 10g

Celery 10g

Scallop 2pc

Shrimp 2pc

Squash 10g

Tomato 20g

New Pine Mushroom 20g

Onion 20g

Salt, Pepper

Olive Oil 20ml

Lemon Juice 10ml

Cucumber 30g

Method of Cooking

1 쿠르부용Court-bouillon을 준비해 내장을 제거한 새우를 데쳐 준비한다.

2 관자 살은 버터를 넣은 팬에서 익혀주면서 화이트와인을 첨가한다.

3 애호박, 토마토, 새송이버섯, 양파 등은 스몰 다이스로 썰어서 팬에 볶아주면서 소금, 후추, 차이브를 넣어 준비한다.

4 토마토 껍질을 제거하고 고운체에 내려 올리브오일과 레몬 주스를 첨가하여 토마토 소스를 만들어 놓는다.

5 준비된 접시에 익힌 관자 2개를 담고 그 위에 살피콘으로 준비한 채소를 조심스럽게 올린 다음, 그 위에 새우를 올린다.

6 장식으로 치즈 튀일을 올리고 오이 슬라이스를 올려준다.

7 준비된 토마토 소스를 뿌려 완성한다.

• 살피콘은 고기, 생선, 채소 등을 네모반듯하게 또는 주사위 모양으로 썰거나 자르는 것을 말한다.

• 치즈 튀일은 팬에서 만들어 식기 전에 원통형으로 말아주어야 모양이 만들어진다.

• 오이는 칼로 매우 얇게 슬라이스하여 찬물에 담가 사용한다.

Black Truffle and Couscous with Marinade Salmon

블랙트러플과 쿠스쿠스를 곁들인 마리네이드 연어

Ingredients ───────

Fresh Salmon 70g

Lemon 20g

White Wine 20ml

Couscous 40g

Olive Oil 20ml

Orange Paprika 10g

Celery 10g

Black Olive 10g

Shallot 10g

Truffle 2Slice

Cucumber 20g

Salt, Pepper

Method of Cooking ───────────

1 연어를 손질해 1인분 애피타이저 분량으로 썰어 준비한다.

2 손질한 연어를 레몬, 화이트와인, 딜, 차이브, 소금, 후추 등으로 1시간 정도 마리네이드한 다음 찬물로 씻어 준비한다.

3 쿠스쿠스를 끓는 물에 살짝 데쳐 꺼낸 다음 올리브오일과 소금, 레몬주스를 뿌려 놓는다.

4 주황 파프리카, 셀러리, 블랙올리브, 샬롯은 스몰 다이스로 썰어서 준비한다.

5 트러플은 트러플 전용 슬라이서를 이용해 2쪽 준비한다.

6 쿠스쿠스와 준비된 채소를 믹싱볼에 넣고 고르게 섞어준다.

7 준비된 접시에 쿠스쿠스와 채소를 먼저 담고 마리네이드한 연어를 쿠스쿠스 위에 올려 담는다.

8 오이를 슬라이스해서 찬물에 10분 정도 담갔다가 연어 위에 올려 완성한다.

• 연어 대신 도미나 광어로 교체해서 사용도 가능하다.

• 쿠스쿠스는 작은 파스타의 개념으로 끓는 물에 데치거나 뜨거운 물에 담갔다가 꺼내서 사용해야 한다.

• 오이는 매우 얇게 슬라이스하여 찬물에 담가 사용한다.

• 트러플 슬라이서가 준비되지 않았다면 칼로 얇게 슬라이스하여 사용한다.

Fresh Halibut Tartare and Beluga Caviar Timbale

신선한 광어 타르타르와 벨루가 캐비아 팀발

Ingredients

Fresh Halibut 60g

Beluga Caviar 10g

Lemon Juice 10ml

Olive Oil 20ml

Avocado 20g

Beet 20g

Shallot 10g

Tomato 15g

Vinegar 10ml

Chive 5g

Green Olive 1ea

Caper 5ea

Leek 5g

Chervil 5g

Balsamic Sauce 10ml

Method of Cooking

1 신선한 광어를 손질해 레몬주스, 올리브오일, 차이브로 마리네이드한다.

2 아보카도, 비트, 샬롯, 토마토를 스몰 다이스로 썰어 올리브오일과 식초, 차이브를 넣고 절여 놓는다.

3 그린올리브는 웨지 형태로 썰고 케이퍼는 오일을 두른 팬에서 튀기듯이 익혀 꽃봉오리가 펴지게 만들어 놓는다.

4 원형 틀Mold을 접시에 놓고 절여 놓은 채소를 채운 뒤 그 위로 마리네이드한 광어살을 채우고 맨 위쪽에 벨루가 캐비아를 올린다.

5 대파를 얇게 슬라이스하고 찬물에 20분 정도 담가 처빌과 같이 장식으로 사용한다.

6 발사믹 소스와 올리브오일로 소스를 뿌린다.

- 벨루가 캐비아는 철갑상어알 중에서 크기가 크고 색이 진하며 가격이 비싼 캐비아이다.

- 광어 타르타르는 너무 작게 다지거나 자르지 않아야 한다.

- 올리브오일을 접시에 먼저 뿌리고 올리브오일 위에 발사믹 소스를 조심스럽게 올려 뿌려 보면 소스 터치라는 좋은 경험을 할 수 있으며 시간이 지나면 2개의 소스가 자연스럽게 섞인다.

Chilled Seafood and Korean Style Vinaigrette

여러 가지 해산물에 한국식 고추장 소스

Ingredients ─────

Onion 20g

Carrot 15g

Celery 10g

White Wine 20ml

Fresh Lobster 1ea

Shrimp 2ea

Scallop 2ea

Asparagus 2ea

Red Pepper Paste 30g

Olive Oil 30ml

Lemon Juice 20ml

Dill 5g

Chervil 5g

Method of Cooking ─────

1 쿠르부용Court-bouillon을 준비해서 손질한 바닷가재와 새우, 관자를 데쳐서 준비한다.

2 아스파라거스 껍질의 섬유질을 벗겨내고 셀러리도 껍질을 벗겨 끓는 물에 빠르게 데쳐서 준비한다.

3 데친 바닷가재 꼬리를 전용 가위를 이용해 꼬리 안쪽을 잘라 살을 준비하고 집게다리도 껍데기를 손질해 살을 빼내고 새우와 관자도 손질해 놓는다.

4 고추장에 화이트와인과 올리브오일, 레몬주스를 넣고 농도가 묽게 풀어준 다음 딜과 다진 처빌을 넣고 고추장 소스를 만들어 놓는다.

5 준비된 재료를 접시에 잘 올려주고 아스파라거스와 셀러리를 곁들인다.

6 만들어 놓은 고추장 소스를 뿌려 완성한다.

 Chef Tip ─────────────────────

• 쿠르부용에 생선이나 갑각류를 데쳐낼 때 버려지는 셀러리 잎 부분을 사용하면 생선의 잡냄새를 세거하는 데 탁월한 효과를 낸다.

• 아스파라거스를 데쳐 접시에 잘 세워 모양을 잡아주는 데 신경을 써서 담아주어야 한다.

• 고추장 소스는 서양식에 한국적인 이미지를 포함시키는 데 좋은 역할을 하며, 해산물과 고추장 소스의 맛이 친근하게 느껴진다.

Prawn, Scallop and Fettuccine Noodles with Pink Peppercorn Sauce

왕새우 관자 페투치네 누들에 핑크 페퍼콘 소스

Ingredients ───────

Fettuccine 40g

Olive Oil 20ml

Pineapple 1pc

Scallop 1ea

Shrimp 1ea

Butter 15g

White Wine 30ml

Pumpkin Mousse 5g

Dill 5g

Pink Peppercorn 5g

Method of Cooking ───────

1　페투치네를 끓는 물에 10분 정도 삶아 올리브오일을 뿌려 준비한다.

2　파인애플을 원형 그대로 얇게 슬라이스한다.

3　관자에 십자 형태로 칼집을 내주고 버터 넣은 팬에서 연한 갈색이 나도록 구워주고 화이트와인을 넣어 익혀낸다.

4　새우도 팬에서 화이트와인을 첨가하며 익혀 준비한다.

5　준비된 접시에 파인애플 슬라이스를 놓고 그 위에 볶은 페투치네를 올린다.

6　익힌 관자와 새우를 올리고 단호박을 무스 형태로 만들어서 새우 위에 올린 뒤 딜로 장식한다.

7　팬에 화이트와인과 버터를 넣고 졸이다가 핑크 페퍼콘을 넣고 소스를 만들어 뿌려 완성한다.

• 버터와 화이트와인을 1:1로 넣고 졸여 핑크 페퍼콘 소스를 만들어 사용한다.

• 페투치네와 새우, 관자의 비율이 애피타이저에 맞도록 조절해서 담아내야 한다.

Seabream Herb with Supreme Sauce

구운 도미와 허브 슈프림 소스

Ingredients

Chicken Stock 50ml

Flour 30g

Butter 30g

Mushroom 30g

Onion 20g

Orange 1ea

Fresh Cream 40ml

Chervil 5g

Chive 5g

Orange Juice 40ml

Method of Cooking

1 치킨 스톡을 준비해 밀가루와 버터를 넣고 벨루테를 만들어 생크림과 스톡을 넣고 양송이와 양파를 넣어 슈프림 소스를 만들어 놓는다.

2 신선한 도미를 손질해 올리브오일과 레몬, 소금, 후추로 15분 정도 마리네이드하고 팬에서 연한 갈색이 나도록 구워 준다.

3 오렌지 껍질을 얇게 썰어 제스트Zest를 만들어 끓는 물에 데쳐서 소량의 설탕을 넣어 조려 낸다.

4 오렌지 주스를 준비해 50% 정도 되도록 졸여 소금, 후추를 넣어 준비한다.

5 준비된 접시에 슈프림 소스를 올리고 그 위에 도미를 놓고 처빌, 차이브, 양파, 오렌지 제스트를 올리고 오렌지 주스 졸인 것을 같이 뿌려 완성한다.

• 생선과 채소의 비율이 애피타이저에 맞도록 조절해서 담아내야 한다.

• 슈프림 소스는 치킨 벨루테에 버터, 레몬주스, 버섯 스톡 등을 넣고 만들며 주로 생선요리에 많이 사용하는 소스이다.

Beef Carpaccio with Mustard Vinaigrette

안심 카르파치오와 겨자 비네그레트

Ingredients

Beef Tenderloin 70g

Olive Oil 20ml

Rosemary 3g

Sage 3g

Balsamic Vinegar 3ml

Dill 3g

Mustard 10ml

Peppercorn 3g

Chicory 5g

Red Chicory 3g

Radish 1ea

Chervil 3g

Mustard Vinaigrette

Mustard 30ml

Vinegar 10ml

Olive Oil 30ml

Salt, Pepper

Sour Cream Sauce

Sour Cream 20ml

Fresh Cream 10ml

Lemon Juice 5ml

White Wine 5ml

Salt, Pepper

Method of Cooking

1 허브는 깨끗이 손질한 후 찬물에 담가 놓는다.

2 준비된 발사믹 식초에 다진 로즈마리, 세이지, 딜, 으깬 통후추, 양겨자, 소금을 함께 섞어서 준비한다.

3 안심은 손질하여 동그랗게 만든 후 2의 양념을 고루 발라 비닐에 싸서 약 15분간 냉동시킨다.

4 래디시는 얇게 썰어서 찬물에 담가 놓는다.

5 냉동에 넣어 겉 부분이 조금 얼어있는 안심을 꺼내 비닐을 벗기고 슬라이스 머신을 이용해 1mm 두께로 얇게 썰어 접시에 보기 좋게 담고 가운데에 채소를 놓고 머스터드 비네그레트를 뿌리고, 으깬 통후추를 뿌려 완성한다.

머스터드 비네그레트

1 둥근 볼에 머스터드, 식초, 후추, 설탕을 넣고 잘 풀어준다.

2 1에 올리브오일을 천천히 부어주면서 Whisk로 저어 잘 유화시키고 적당한 농도가 되면 소금간을 하여 완성한다.

사워크림 소스

1 사워크림에 생크림, 레몬주스, 화이트와인을 조금씩 넣고 농도를 맞춘 후 소금, 후추를 약간 넣어 완성한다.

• 안심은 손질해 두께를 너무 두껍게 만들지 않아야 접시에 담기 좋다.

• 고기를 냉동에 너무 오랫동안 넣어 냉동하면 슬라이스 머신으로도 썰기 어렵게 된다.

• 머스터드 비네그레트와 사워크림 소스는 농도를 조절해 빠르게 뿌릴 수 있는 정도로 만들어야 한다.

Crispy Roasted Asparagus and Tenderloin Pepper Roll with Blackberry Sauce

안심 페퍼 롤과 바삭하게 구운
아스파라거스에 블랙베리 소스

Ingredients

Blackberry 40g

Asparagus 2ea

Tenderloin 50g

Rosemary 1pc

Oregano 1pc

Pepper Whole 30g

Butter 20g

Onion 20g

Mushroom 20g

Red Wine 20ml

Method of Cooking

1 안심을 길게 포를 떠서 로즈마리와 오레가노 다진 것을 넣고 한쪽 끝에서부터 돌돌 말아 준비한다.

2 통후추를 으깨 Pepper Crush를 만들어 말아놓은 안심 겉 부분에 굴려서 묻혀 놓는다.

3 아스파라거스 껍질의 섬유질을 벗겨 춘권피에 말아서 팬에 오일을 두르고 바삭하게 튀기듯이 구워낸다.

4 팬에 오일을 두르고 말아 놓은 안심을 중불에서 익혀낸다.

5 냄비에 버터, 양파, 양송이를 볶다가 블랙베리를 넣고 계속 볶아주고 레드와인과 스톡, 향신료를 넣어준다.

6 블랙베리 소스를 만들어 20분 정도 끓여 체에 걸러준다.

7 준비된 아스파라거스와 안심을 접시에 담고 블랙베리 소스를 뿌려 완성한다.

• 안심 고기를 말아주는 안쪽에 허브를 다져 넣고 후추는 겉 부분에 소량만 바르도록 한다.

• 아스파라거스의 겉면 춘권피를 바삭하게 튀기듯이 구워내는데 시간이 오래 경과하면 아스파라거스의 색이 열에 의해 변색되므로 주의한다.

• 레드와인 소스에 블랙베리나 블루베리를 넣고 믹서에 갈아주거나 체에 내려 소스로 사용한다.

Wrapped Shrimp and Bacon with Asian Barbecue Sauce

아시안 바비큐 소스의 새우 베이컨말이

Ingredients

Shrimp 2ea

Bacon 2ea

Parmigiano Reggiano Cheese 30g

French Chicory 2pc

Onion 40g

Celery 20g

Garlic 10g

Lemon Juice 20ml

Red Wine 20ml

Worcester Sauce 10ml

Ketchup 15g

Honey 30ml

Eggplant 20g

CherryTomato 1ea

Vinegar 30ml

Bay Leaf 1pc

Basil 1pc

Rosemary 1pc

Thyme 1pc

Butter 20g

Method of Cooking

1　새우는 내장을 제거하고 베이컨으로 감싸서 준비한다.

2　버터를 넣은 팬에 베이컨으로 감싼 새우를 중불에서 익혀준다.

3　바비큐 소스는 양파 3, 셀러리 2, 마늘 1의 비율로 곱게 다져 볶아 준비한다.

4　채소를 볶으면서 레몬주스, 레드와인, 우스터소스, 케첩, 꿀, 식초, 월계수잎, 스톡을 넣고 은근하게 끓여준다.

5　30분 이상 끓인 다음 바질, 로즈마리, 타임 다진 것을 넣고 5분 정도 계속 끓여 소스를 만든다.

6　파르미지아노 치즈를 강판에 갈아 팬에서 열을 가해 꺼낸 다음 둥근 모양으로 만들어 식으면 장식으로 사용한다.

7　가지를 슬라이스로 썰어 팬에서 색을 내고 새우 밑부분에 사용한다.

8　체리토마토를 4등분 웨지 형태로 잘라 껍질쪽에 칼집을 넣어 모양을 만들어 준비한다.

9　준비된 접시에 가지를 놓고 그 위에 새우를 올리고 장식으로 바질을 올려 완성한다.

10　아시안 바비큐 소스를 뿌려 마무리한다.

• 새우를 베이컨으로 돌돌 말아서 마지막 끝부분이 풀리지 않도록 처음 팬에 올릴 때 끝부분을 팬 바닥으로 놓고 구워야 한다.

• 체리토마토에 칼집을 넣고 모양을 만들 때 껍질 부분이 잘 세워지도록 조심해서 만들어야 한다.

• 파르미지아노 치즈를 강판에 갈아 팬에서 모양을 만들어 꺼내 식기 전에 원형 모양으로 만들어야 한다.

Tuna Tartare with Chervil Vinaigrette

참치 타르타르와 처빌 비네그레트

Ingredients

Tuna 80g

Lemon Juice 20ml

Dill 5g

Thyme 5g

Tabasco Sauce 5ml

Olive Oil 30ml

Vinegar 20ml

Red Kale 1pc

Turnip 30g

Chervil 5g

Salt, Pepper

Method of Cooking

1 냉동 참치를 소금물에 한 번 씻어 참치 표면을 깨끗하게 만든 뒤 소창에 싸서 냉장고에서 1시간 정도 해동한다.

2 해동된 참치를 스몰 다이스로 썰어 놓는다.

3 믹싱볼에 썰어 놓은 참치를 넣고 레몬주스, 딜, 타임, 타바스코 소스를 넣고 섞어서 준비한다.

4 접시에 삼각형 틀Mold을 올려놓고 양념한 참치를 조금씩 넣어준다.

5 올리브오일 3, 식초 1, 레몬주스 1, 소금, 후추, 처빌 다진 것을 넣고 처빌 비네그레트를 만든다.

6 틀에서 참치를 빼내 접시에 담고 처빌 비네그레트를 1스푼 뿌려주고 장식으로 적케일, 처빌, 절인 무를 올려 완성한다.

• 참치를 썰어 양념할 때 레몬주스나 타바스코를 넣으면 색이 변색되니 너무 많이 넣지 않아야 한다.

• 참치를 몰드에 채울 때 스푼을 사용하는 것이 좋으며 너무 힘주어 누르지 말아야 한다.

• 애피타이저용 소스의 양은 스푼으로 3스푼 이하로 뿌리거나 남아주어야 한다.

Smoked Salmon and Shrimp Roll with Lemon Ouzo Vinaigrette

훈제연어로 감싼 새우에 레몬 우조 비네그레트

Ingredients

Shrimp 2ea

Salmon 2pc

Sour Cream 30ml

Dill 5g

Caper 4ea

Olive Oil 30ml

Vinegar 20ml

Lemon Juice 10ml

Salt, Pepper

Asparagus 2ea

Fruitcaper 1ea

Baby Vitamin Sprouts 3ea

Ouzo 20ml

Method of Cooking

1 새우는 내장을 제거하고 손질하여 2마리를 준비한다.

2 연어 2쪽을 펴서 사워크림을 바르고 딜 다진 것과 케이퍼를 놓고 그 위에 다시 손질한 새우를 놓고 돌돌 말아서 준비한다.

3 올리브오일 3, 식초 2, 레몬주스 1, 소금, 후추를 넣고 우조를 넣은 뒤 섞어서 우조 비네그레트를 만들어 놓는다.

4 아스파라거스 껍질의 섬유질을 제거하고 끓는 물에 살짝 데쳐 버터를 넣은 팬에서 볶아 준비한다.

5 준비된 접시에 아스파라거스를 담고 연어와 새우 말아놓은 것을 담아 완성한다.

6 케이퍼베리와 베이비 비타민 새싹으로 장식하고 우조 소스를 뿌려 마무리한다.

• 새우는 꼬리부분 껍질만 남기고 연어살이 갈라지지 않도록 조심스럽게 말아 준비한다.

• 우조는 아리시드(Ariseed)를 넣고 만든 그리스의 전통술이다.

Relish

렐리시(채소 스틱)

Ingredients

Celery 2pc

Carrot 2pc

Cucumber 2pc

Baby Carrot 2pc

Asparagus 1pc

Red Kale 1pc

Endive 1pc

Method of Cooking

1 모든 재료는 얼음물에 담가 깨끗하고 싱싱하게 준비한다.

2 셀러리는 껍질을 벗기고 속 부분 안쪽의 노란 부분을 사용한다.

3 당근과 오이는 껍질을 벗겨 15cm 정도 길이의 스틱 모양으로 준비하고 무도 같은 크기로 잘라 모퉁이를 벗겨낸다.

4 노란 꼬마당근은 껍질을 벗기고 줄기의 푸른 부분은 그대로 사용한다.

5 아스파라거스는 껍질을 벗겨 끓는 물에 한 번 데쳐내고 사용한다.

6 엔다이브는 길이로 2등분해 곁들인다.

7 레드케일과 토마토를 장식으로 같이 곁들여 완성한다.

Chef Tip

• 채소 스틱은 생야채를 소스에 찍어 먹는 건강식 스틱으로 식사 전이나 식사 때 같이 곁들이는 음식이다.

• 소스를 따로 제공하는 방법도 있으나 채소를 담는 볼이나 접시에 소스를 먼저 담고 그 위에 채소를 바로 담가 소스를 따로 제공하지 않고 서빙하는 방법도 있다.

• 채소 스틱을 만들어 마르지 않도록 젖은 타월로 덮어 냉장보관 한다.

Assorted Cheese Ball

여러 가지 치즈볼

Ingredients

Sesami Seed 20g

Black Sesami Seed 20g

Pistachio 20g

Paprika Powder 20g

Pine Nut 20g

Parsley 20g

Pick 10ea

Cream Cheese 90g

Method of Cooking

1 모든 재료는 칼로 다져서 수분이 없도록 준비한다.

2 참깨, 검정깨를 준비한다.

3 피스타치오, 파프리카 가루를 다져 준비한다.

4 잣가루, 파슬리 가루를 다져 준비한다.

5 크림치즈를 20g 정도씩 잘라서 원형으로 손바닥에 올려놓고 둥글게 돌려준다.

6 준비한 모든 다진 재료를 하나씩 돌려 가면서 잘 굴려준다.

7 대나무 꼬치나 플라스틱 꼬치를 준비해 하나하나 꽂아 준비한다.

8 한입 크기로 만들어 모양 있게 담아낸다.

Chef Tip

• 크림치즈는 시진과 같이 기타 다른 재료를 다져 여러 종류의 치즈볼 메뉴로 변경해 사용할 수 있어야 한다.

• 오르되브르와 카나페는 한입 크기로 만들어야 한다.

• 꼬치는 대나무, 플라스틱, 일회용 스틱 등 여러 가지로 재료와 크기 모양에 따라 사용할 수 있어야 한다.

Cream Cheese and Strawberry Vol-Au-Vents

딸기 크림치즈와 볼로방

Ingredients ——————

Vol-Au-Vent 1ea

Cream Cheese 30g

Strawberry 1pc

Fresh Cream 10ml

Method of Cooking ——————

1 볼로방Vol-Au-Vent을 1개 준비한다.

2 크림치즈에 레몬주스를 섞어주고 농도는 생크림으로 맞춘다.

3 딸기를 웨지 모양으로 썰어서 준비한다.

4 준비된 볼로방에 크림치즈를 채워 넣고 딸기와 허브로 장식하여 마무리한다.

• 볼로방Vol-Au-Vent은 퍼프 페이스트리Puff Pastry Shell로 만들며 푀이타주Feuilletage나 과자같이 부서지며, 가볍게 부풀어 오른 중앙 부분에 치즈나 음식을 채워 넣은 음식을 말한다.

Black Olive and Feta Cheese with Endive

엔다이브에 올린 페타치즈와 블랙 올리브

Ingredients

Endive 1pc

Feta Cheese 10g

Black Olive 1ea

Avocado 10g

Dried Tomato 5g

Dill 2g

Olive Oil 5ml

Lemon Juice 5ml

White Wine 5ml

Salt, Pepper

Method of Cooking

1. 엔다이브는 밑둥을 잘라 보트 모양이 나오도록 준비해서 바닥면이 둥글어서 쓰러지지 않도록 밑부분을 칼로 다듬어 갈변을 방지하기 위해 찬물에 잠시 담가 사용한다.

2. 딜은 다져서 사용하고 치즈와 아보카도, 블랙올리브는 다이스로 썰어 놓는다.

3. 드라이 토마토는 비닐 같은 껍질을 제거하고 다져서 레몬주스와 화이트 와인, 그리고 딜을 넣어 준비한다.

4. 준비된 모든 재료를 볼에 넣고 버무리면서 레몬주스와 소금, 후추를 넣는다.

5. 엔다이브에 있는 물기를 제거하고 버무린 치즈와 채소를 적당하게 올려 완성한다.

- 엔다이브는 햇볕이 없어도 자라는 유일한 채소이며, 아직까지 국내에서 재배가 되지 않아 전량 수입에 의존하는 채소이다.
- 칼로 엔다이브의 단면을 자르면 진액이 나와 쉽게 갈변되므로 사용에 주의해야 한다.

Sun-Dry Tomato and Mozzarella Cheese

선-드라이 토마토와 모차렐라 치즈

Ingredients

Dry Tomato 1pc
Fresh Mozzarella Cheese 1pc
Pick 1pc

Method of Cooking

1 드라이 토마토를 준비해 토마토의 겉 부분 비닐 껍질을 제거하고 사용한다.

2 Fresh 모차렐라 치즈를 드라이 토마토와 비슷한 크기로 자른다.

3 Tapas용 기물을 준비해 놓는다.

4 대나무 꼬치에 재료를 꽂아준다.

5 장식을 하고 접시에 담는다.

- 드라이 토마토는 말리는 과정에서 껍질의 비닐 같은 막이 질겨지기 때문에 제거하고 사용하는 것이 좋다.

- 대나무 꼬치의 여러 가지 모양을 재료의 색이나 모양, 크기에 맞게 선택하여 사용해야 한다.

Cherry Tomato and Cream Cheese

체리토마토와 크림치즈

Ingredients

Cherry Tomoto 1ea
Cream Cheese 20g
Lemon Juice 20ml

Method of Cooking

1 체리토마토를 깨끗이 씻어 준비한다.

2 체리토마토 꼭지 부분 위쪽 수평으로 칼을 넣어 뚜껑 모양으로 나오도록 잘라 토마토 안의 씨와 내용물을 파내듯이 빼낸다.

3 마스카르포네 크림치즈에 레몬주스를 넣고 농도를 맞춰 속을 파낸 토마토 안에 채워 넣는다.

4 잘라 놓은 토마토 꼭지 부분을 모자처럼 씌워서 마무리한다.

• 체리토마토 안의 내용물을 파낼 때 토마토의 껍질 부분에 상처가 나지 않도록 조심스럽게 파내야 한다.

• 크림치즈의 농도가 걸쭉하면 레몬주스를 넣고 섞어 농도를 맞추어야 짜낼 때 어렵지 않게 만들 수 있다.

Marinade Salmon Ball with Sour Cream

마리네이드 연어 볼과 사워크림 소스

Ingredients

Fresh Salmon 100g

Lemon 20g

Dill 5g

Bay Leave 2ea

Sugar 20g

Chive 10g

Thyme 5g

Sour Cream 30ml

Lemon Juice 20ml

Cream Cheese 30g

Almond 20g

Salt, Pepper

Method of Cooking

1 연어살을 준비해 레몬, 딜, 월계수잎, 차이브, 타임, 소금, 후추, 소량의 설탕으로 2시간 정도 마리네이드한다.

2 마리네이드한 연어를 흐르는 물에 씻어 건조하고 살이 부서지지 않도록 얇게 슬라이스한다.

3 크림치즈에 아몬드를 다져 연어 속에 채운다.

4 사워크림에 레몬주스를 섞어 농도를 맞춰 준비한다.

5 크림치즈와 아몬드 다진 것을 연어 안에 채우면서 동그란 모양으로 말아 준비한다.

6 준비된 접시에 연어를 올리고 사워크림을 줄로 뿌려 완성한다.

7 장식으로 신선한 딜을 올려 마무리한다.

• 연어를 원형 모양으로 만들 때 동그란 모양으로 된 도구나 기구를 이용하면 잘 만들어지며, 끝부분이 위로 올라오게 만들어서 접시에 담을 때는 반대로 밑부분으로 가도록 담아낸다.

• 연어는 마리네이드하여 흐르는 물에 씻은 다음 수분을 날리는 건조 과정이 필요하다.

Herb Crepe Roulade with Smoked Salmon

허브 크레페로 감싼 훈제연어 룰라드

Ingredients —————

Flower 30g

Egg 1ea

Salt Some

Smoked Salmon 2pc

Cream Cheese 5g

Thyme 1pc

Method of Cooking —————

1 밀가루, 달걀, 소금을 넣고 크레페 반죽을 글루텐이 형성되도록 많이 치대어준 뒤 우유를 넣고 농도를 조절해 놓는다.

2 농도가 맞으면 냉장고에서 1시간 정도 숙성시켜 크레페를 만들어 준비한다.

3 훈제연어를 슬라이스해서 준비한다.

4 크레페 반죽을 먼저 펴 놓고 그 위에 접착제 역할을 하도록 크림치즈를 얇게 바르고 그 위에 훈제연어를 펴주고 크레페를 김밥 말듯 둥근 형태로 말아준다.

5 말아 놓은 크레페를 냉장고에 30분 정도 휴지 시킨다.

6 크레페를 꺼내어 한입 크기로 잘라 생크림을 올려주고, 케이퍼를 올려 놓는다.

7 준비된 접시에 담고 장식으로 타임을 올려 마무리한다.

Chef Tip

• 크레페 반죽의 농도 조절에 유의해야 하며, 농도는 우유로 조절한다.

• 호텔이나 웨딩 연회 주방에서 많은 양을 한꺼번에 만들 수 있는 메뉴이다.

• 훈제연어와 함께 같이 곁들이는 재료(케이퍼, 양파, 호스래디시 등)를 장식이나 소스로 활용해야 한다.

Coppa Ham with Mango Canape

코파햄과 망고 카나페

Ingredients

Toast Bread 1pc

Dill 10g

Chervil 10g

Coppa Ham 15g

Mango 10g

Butter 5g

Radish Sprouts 2pc

Method of Cooking

1 식빵을 삼각형 모양으로 자른 후 팬에서 브라운색이 나도록 구워준다.

2 구운 식빵 한쪽 면에 크림치즈를 바르고 딜과 처빌 다진 것을 고르게 묻혀준다.

3 코파햄을 얇게 슬라이스하고 망고도 작은 크기로 잘라 놓는다.

4 잘라 놓은 망고를 코파햄으로 풀어지지 않게 말아 놓는다.

5 구운 식빵 위에 코파햄 말아 놓은 것을 올려준다.

6 장식으로 어린 무순을 올려 마무리한다.

Chef Tip

- 코파햄은 이탈리아가 원산지로 부드러운 돼지고기 어깨 부위를 건조 숙성시킨 생햄이며 최근에는 목살 부위를 사용해 만들어 유통되기도 한다.

- 절인 햄이 짠맛과 과일의 달콤함이 함께 어울리기 때문에 각각의 맛보다는 함께 먹어야 그 맛을 향상시킬 수 있다.

Brie Cheese with Nacho Canape

브리치즈와 나초 카나페

Ingredients

Brie Cheese 1pc

Cream Cheese 20g

Cherry Tomato 1ea

Celery 5g

Kale 5g

Method of Cooking

1. 나초는 원형으로 크기가 큰 것은 카나페에 어울리도록 잘라 준비한다.

2. 브리치즈는 한입 크기로 잘라 준비한다.

3. 체리토마토와 셀러리, 케일은 장식으로 사용할 수 있도록 작은 크기로 잘라 사용한다.

4. 나초에 크림치즈를 바르고 브리치즈를 움직이지 않도록 고정시킨다.

5. 준비된 체리토마토와 셀러리, 케일을 장식으로 올려 완성한다.

Chef Tip

• 나초Nacho는 멕시코에서 유래된 대중적인 스낵이자 전채이며 토르티야 칩이나 녹인 치즈를 부은 형태로 되어 있는 것이 가장 일반적인 형태이다.

• 나초는 카나페 빵의 개념으로 요리를 만들어 바닥에 깔아주는 형태로 이용한다.

Mascarpone Cheese with Ham Canape

마스카르포네 치즈와 햄 카나페

Ingredients

Toast Bread 1pc

Pistachio 2ea

Boneless Ham 1pc

Mascarpone Cheese 10g

Thyme 1pc

Almond 1ea

Chive 1ea

Method of Cooking

1 식빵을 삼각형으로 잘라 팬에서 브라운색이 나도록 구워 낸다.

2 차이브와 피스타치오는 칼로 다져서 준비한다.

3 햄은 얇게 슬라이스해서 말아줄 수 있도록 준비한다.

4 잘라 놓은 햄에 마스카르포네 치즈를 올리고 다진 차이브 와 피스타치오를 올려 원형으로 말아 비스듬하게 잘라 놓 는다.

5 구운 빵에 크림치즈를 바르고 자른 햄을 올린다.

6 장식으로 타임과 아몬드를 올려 완성한다.

• 호텔이나 웨딩 연회 주방에서 많은 양을 필요로 할 때는 길게 만들어 잘라 사용할 수 있는 메뉴이다.

• 햄의 두께가 두꺼우면 말아 놓은 원형이 풀어질 수 있어 얇게 슬라이스하는 것이 좋다.

• 햄의 마지막 끝부분이 풀어질 수 있어 끝부분에 치즈를 잘 바르도록 한다.

Foie Gras Mousse Canape

거위간 무스 카나페

Ingredients ───────

Toast Bread 1pc
Foie Gras 30g
Cream Cheese 10g
Chicory 1pc

Method of Cooking ───────

1 토스트 빵을 원형으로 잘라 팬에서 수분을 날려 주면서 연한 브라운색이 날 때까지 구워준다.

2 거위간을 체에 걸러놓고 크림치즈를 같이 섞어 준비한다.

3 농도가 거칠면 생크림을 약간 첨가해서 농도를 맞춘다.

4 삼각형 모양의 페이스트리 백(짤주머니)에 모양깍지를 넣고 채워준다.

5 구운 빵 위에 모양 있게 돌려서 담아준다.

6 장식을 올리고 마무리한다.

• 카나페에는 보통 거위간의 캔을 사용하는데 부드러운 식감을 위해서 체에 걸러 덩어리가 없도록 만들어야 한다.

• 모양깍지를 넣은 페이스트리 백은 농도가 잘 맞아야 예쁜 모양으로 짤 수 있다.

• 거위간에서 좋지 못한 향이 나는 경우에는 크림치즈나 레몬주스를 사용하면 좋아진다.

Smoked Salmon with Caper Canape

훈제연어와 케이퍼 카나페

Ingredients

Smoked Salmon 1pc

Fresh Cream 10g

Fruitcaper 1ea

Toast Bread 1pc

Horseradish 5g

Sorrel 1pc

Method of Cooking

1 훈제연어 슬라이스를 1쪽 준비한다.

2 연어 밑부분의 갈색은 색이 좋지 않으므로 되도록 보이지 않게 하며, 연어 살이 부서지지 않도록 둥근 장미 모양으로 말아준다.

3 생크림을 80% 정도 휘핑해서 준비하고 호스래디시와 레몬 주스를 섞어 준비한다.

4 프루트 케이퍼(케이퍼베리)를 1/2로 잘라서 장식용으로 준비한다.

5 식빵을 원형 틀로 눌러 모양을 내고 팬에서 연한 갈색이 나도록 구워서 준비한다.

6 구운 빵 위에 장미 모양으로 말아 연어를 올리고 호스래디시 크림을 올리고 그 위에 프루트 케이퍼를 올려준다.

7 푸른색으로 소렐 잎을 올리고 마무리한다.

• 훈제연어와 함께 곁들일 수 있는 식재료는 호스래디시, 케이퍼, 레몬, 양파 등이 잘 어울리기 때문에 장식에도 그 재료들을 사용하는 것이 좋다.

• 호스래디시는 겨자와 비슷한 매운맛이 나는 다년생 초본식물로 조리에서는 주로 생선요리에 많이 사용된다.

Camembert Cheese with Herb Canape

카망베르 치즈 허브 카나페

Ingredients

Toast Bread 1pc

Cream Cheese 5g

Camembert Cheese 1pc

Dill 5g

Chive 5g

Rose Leaf 1pc

Method of Cooking

1 식빵을 사각형 모양으로 잘라 팬에서 수분을 날리면서 연한 갈색으로 구워 카나페 빵을 만들어 놓는다.

2 카망베르 치즈를 구운 빵 위에 올려놓을 정도의 크기로 잘라 놓는다.

3 자른 카망베르 치즈를 다진 딜과 차이브에 묻혀 놓는다.

4 구운 빵에 마요네즈나 크림치즈를 발라 카망베르 치즈를 고정해 놓는다.

5 구운 빵 위에 카망베르 치즈를 올리고 장식으로 장미 잎을 한 장 올려 마무리한다.

Chef Tip

• 카망베르 치즈는 브리치즈와 유사하게 생겼으며 브리치즈보다는 수분을 덜 함유하고 있어 조금 더 단단한 질감이다.

• 빵과 위에 올리는 치즈가 떨어질 수 있어 접착제 역할의 크림치즈나 마요네즈를 바르는 것이 좋다.

Prosciutto Ham with Melon Canape

프로슈토 햄과 멜론 카나페

Ingredients

Toast Bread 1pc

Prosciutto Ham 5g

Musk Melon 20g

Radish 3g

Cream Cheese 5g

Sorrel 5g

Method of Cooking

1. 식빵을 삼각형으로 잘라 팬에서 수분을 날리면서 연한 갈색으로 구워 카나페 빵을 만들어 놓는다.

2. 머스크 멜론은 파리지엔 나이프로 원형으로 파내듯이 만들어 준비한다.

3. 프로슈토 햄을 멜론보다 조금 크게 잘라 놓는다.

4. 래디시와 채소를 장식용으로 자른다.

5. 준비된 카나페 빵에 크림치즈를 바르고 멜론을 올린 다음 프로슈토 햄을 올린다.

6. 장식으로 래디시와 허브를 올려 완성한다.

• 절인 햄의 짠맛과 과일의 달콤함이 함께 어울리기 때문에 각각의 맛보다는 함께 먹어야 그 맛을 향상시킬 수 있다.

• 프로슈토 햄은 돼지고기의 뒷다리를 염장하여 건조한 이탈리아 햄으로 주로 전채요리나 카나페, 샌드위치 등에 많이 사용된다.

Cream Cheese with Roll Canape

크림치즈를 넣은 롤 카나페

Ingredients

Toast Bread 1pc

Pistachio 5ea

Boneless Ham 1pc

Mascarpone Cheese 20g

Flower 20g

Butter 5g

Cream Cheese 5g

Method of Cooking

1 식빵을 원형으로 잘라 팬에서 수분을 날리면서 연한 갈색으로 구워 카나페 빵을 만들어 놓는다.

2 피스타치오를 칼로 다져 놓는다.

3 본리스 햄을 슬라이스해서 말아줄 정도의 크기로 잘라 놓는다.

4 잘라 놓은 햄에 마스카르포네 크림치즈를 올려주고 동그란 모양으로 말아 놓는다.

5 밀가루와 버터를 이용해 팬에서 튀일 장식을 만들어 놓는다.

6 구운 빵에 크림치즈를 바르고 피스타치오를 올려준다.

7 6 위에 말아놓은 햄을 올리고 장식을 올려서 마무리한다.

Chef Tip

• 본리스 햄의 두께가 두꺼우면 말아 놓은 원형이 풀어질 수 있어 얇게 슬라이스하는 것이 좋다.

• 본리스 햄의 마지막 끝부분이 풀어질 수 있어 끝부분에 치즈를 잘 바르도록 한다.

• 부드러운 크림치즈와 햄이 견과류인 피스타치오와 잘 어울린나.

Spring Salad

봄 샐러드

Ingredients ———————

Avocado 30g

Cream Cheese 30g

Lemon Juice 10ml

Milk 20ml

Asparagus 1ea

Baby Carrot 1ea

Brussels Sprouts 1ea

Cherry Tomato 1ea

Celery 1ea

Baby Vitamin 1pc

Sorrel 1pc

French Chicory 1pc

Method of Cooking ———————

1 아보카도를 강판에 갈아 크림치즈와 레몬주스, 우유와 같이 섞어 샐러드를 찍어 먹을 수 있는 딥Dip 소스로 만들어 놓는다.

2 모든 채소는 깨끗이 씻어 손질해 놓는다.

3 아스파라거스는 껍질의 섬유질을 제거하고 끓는 물에 데쳐 놓는다.

4 꼬마 당근도 껍질을 제거하고 준비한다.

5 브뤼셀 스프라우트는 바깥의 보기 좋지 않은 부분을 제거하고 끓는 물에 데쳐서 준비한다.

6 체리토마토는 반으로 잘라 준비하고 셀러리는 껍질의 섬유질만 제거하고 사용한다.

7 비타민, 소렐, 처빌, 프렌치 치커리는 손질해서 사용한다.

8 준비된 접시에 모양 있게 담고 소스를 올려 완성한다.

• 모든 채소는 생으로 먹을 수 있는 재료이면 사용할 수 있다.

• 딥(Dip)은 채소나 음식을 찍어 먹을 수 있는 소스의 개념으로 농도가 걸쭉해야 하며, 비슷한 용어로는 쿨리(Coulis)와 퓌레(Puree)가 있으며 한국식으로는 양념(Condiment)과 비슷한 의미이다.

Sea Food Salad and Couscous with Balsamic Liaison

해산물 샐러드와 쿠스쿠스에 발사믹 리에종

Ingredients

Couscous 50g

Balsamic Liaison 10ml

Shrimp 2ea

Scallop 2ea

Salmon 40g

Olive 1ea

Beet 30g

Baby Red Mustard 1pc

Salt, Pepper

Method of Cooking

1 쿠르부용Court-bouillon을 만들어 놓는다.

2 새우, 관자, 연어를 만들어 놓은 쿠르부용에 넣고 데쳐낸다.

3 쿠스쿠스는 끓는 물에서 2분 정도 휴지시킨 뒤 사용하면 좋다.

4 올리브는 원형으로 썰어주고 비트는 끓는 물에 데쳐서 준비한다.

5 만들어 놓은 모든 재료를 쿠스쿠스에 같이 버무리면서 올리브오일, 소금, 후추, 레몬주스로 간을 맞춘다.

6 발사믹 소스를 농도가 걸쭉해지도록 졸여서 소스로 사용한다.

7 장식으로 베이비 적겨자를 올려 마무리한다.

• 쿠스쿠스는 파스타의 가장 작은 파스타의 일종으로 끓는 물에서는 잠깐 데쳐 사용하거나 뜨거운 물에 휴지 시키듯이 2~3분 정도 담가 사용한다.

• 리에종은 소스나 수프의 농도를 진하게 만드는 것으로 루, 녹말가루, 전분 등을 사용하기도 하며, 최근에는 소스 원액만을 졸여서 많이 사용한다.

Mozzarella Bococcini and Jujube Tomato Salad

모차렐라 보코치니 치즈와 대추 토마토 샐러드

Ingredients

Jujube Tomato 7ea

Mozzarella Bococcini 7ea

Plum 3ea

Olive Oil 30ml

Chive 5g

Basil 10g

Lemon Juice 10ml

Method of Cooking

1 대추토마토에 칼집을 살짝 내주고 끓는 물에 데쳐서 껍질을 제거한다.

2 보코치니 치즈가 토마토보다 크거나 프레시 모차렐라 치즈인 경우에는 크기를 맞춰 잘라준다.

3 건자두도 준비한다.

4 올리브오일에 레몬주스를 천천히 넣어주고 다진 차이브, 다진 바질을 넣어 소스를 만들어 놓는다.

5 만들어 놓은 올리브오일 소스에 준비한 모든 재료를 넣고 버무려준다.

6 오목한 접시에 담고 바질을 기름에 튀겨서 장식으로 사용한다.

• 보코치니 치즈는 작은 생 모차렐라 치즈로 구슬이나 대추토마토의 크기로 유통되는 치즈이다.

• 대추토마토의 단맛과 부드러운 생 모차렐라가 잘 어울리는 메뉴 조합 구성이 된다.

• 모차렐라 치즈는 보코치니Bococcini, 칠레지Ciliege, 노촐리니Nociolini, 노디오니Nodioni, 오발린Ovalin 등의 이름으로 불리기도 한다. 원산지 명칭 보호를 받으며 이탈리아 중남부의 7개 지역에서 만들어 유통된다.

Fennel Fine Mushroom in Saffron with Roasted Pine Nut Salad

사프란에 재운 펜넬에 새송이버섯과 구운 잣 샐러드

Ingredients

Saffron 1g

White Wine 20ml

Fennel 40g

New Fine Mushroom 30g

Pine Nut 5g

French Chicory 5g

Method of Cooking

1 사프란 소량을 스톡, 화이트와인과 같은 분량으로 넣고 열을 가해 노란색 주스로 만들어 놓는다.

2 펜넬을 웨지(반달) 모양으로 썰어 팬에서 한 번 익혀주고 식혀서 준비한다.

3 새송이버섯은 얇게 슬라이스한 뒤 팬에서 색이 나도록 빠르게 볶아 식혀 준비한다.

4 잣은 마른 팬에서 갈색이 나도록 구워준다.

5 익힌 펜넬과 새송이버섯을 사프란 주스에 1시간 정도 담가 놓는다.

6 사프란 주스에서 꺼낸 펜넬과 새송이를 접시에 담고 마르지 않게 사프란 주스도 같이 곁들여준다.

7 구운 잣과 프렌치 치커리로 장식하여 완성한다.

- 사프란은 천연 노란색을 내는 향신료이며 가격이 비싸 많은 양을 사용하기에는 부담스럽고 상대적으로 가격이 저렴한 치자를 대용품으로 사용하기도 한다.

- 펜넬은 특유한 향기가 있어 생선 비린내를 제거하는 데 탁월한 효과가 있어 샐러드를 만들어 생선요리와 함께 곁들이면 효과적이다.

Chicken Breast and Asparagus Salad

닭가슴살과 아스파라거스 샐러드

Ingredients

Chicken Breast 50g

Curry Powder 20g

Asparagus 2ea

Beet 20g

Sweet Pumpkin 20g

Baby Vitamin 2pc

Sorrel 3pc

Celery 2pc

Balsamic Sauce 30ml

Method of Cooking

1 닭가슴살을 카레가루에 30분 정도 마리네이드하여 팬에서 익혀 준비한다.

2 아스파라거스 껍질 부분의 섬유질을 제거하고 끓는 물에 데쳐서 준비한다.

3 데친 아스파라거스 1개는 매우 얇게 슬라이스하여 원형으로 말아 접시에 담는다.

4 비트와 단호박은 스몰 다이스로 썰어 데쳐서 준비한다.

5 나머지 채소 베이비 비타민, 소렐, 셀러리 잎 등은 깨끗이 손질해서 사용한다.

6 발사믹 소스 졸인 것을 페이스트리 백에 넣어 장식처럼 둥그런 타원형으로 뿌려 완성한다.

• 닭가슴살과 카레는 식재료 구성이 조화롭게 구성되는 재료로 요리 재료로 사용하기에 적절하다.

• 발사믹 소스를 접시에 뿌릴 때 간단하고 쉽게 생각할 수도 있지만 여러 번 반복해서 뿌려보는 노력이 필요하다.

Italian Tomato and
Fig Salad

이탈리안 토마토와 무화과 샐러드

Ingredients

Italian Tomato 3ea

Fig 1ea

Olive Oil 30ml

Chive 5g

Basil 10g

Edible flowers 2ea

Lemon Juice 10ml

Method of Cooking

1 이탈리안 토마토에 칼집을 살짝 내주고 끓는 물에 데쳐서 껍질을 모아 준비한다.

2 컬리플라워를 손질해 끓는물에 소금을 넣고 데쳐 준비한다.

3 무화과는 웨지 형태로 썰어 준비한다.

4 올리브오일에 토마토 주스, 레몬주스를 천천히 넣어주고 다진 차이브, 다진 바질을 넣어 소스를 만들어 놓는다.

5 만들어 놓은 토마토 소스에 준비한 모든 재료를 넣고 버무려준다.

6 오목한 접시에 담고 토마토 소스를 조금 부어 마르지 않도록 담아 완성한다.

• 이탈리안 토마토의 껍질을 벗겨 샐러드로 사용하게 되면 단맛이 많고 식감이 좋아 특별한 샐러드로 사용이 가능하다.

• 토마토에서 나오는 주스와 레몬주스, 올리브오일과의 조화로운 소스가 샐러드를 마르지 않게 만들어 낸다.

Feta Cheese with Basil Pesto Salad

페타치즈와 바질 페스토 샐러드

Ingredients

Cos Lettuce 2pc

Dandelion 2pc

Arugula 1pc

Feta Cheese 30g

Basil 20g

Pine Nut 10g

Olive Oil 20ml

Lemon Juice 10ml

Method of Cooking

1 모든 채소는 깨끗이 씻어 찬물에 담가 사용한다.

2 준비된 채소를 적당한 크기로 잘라 놓는다.

3 페타치즈를 적당한 크기로 준비한다.

4 신선한 바질에 올리브오일, 잣, 레몬주스를 넣고 핸드 믹서로 곱게 갈아 바질 페스토를 만들어 놓는다.

5 접시에 준비된 채소를 보기 좋게 담고 그 위에 페타치즈를 올려주고 접시 한쪽에 바질 페스토를 뿌려 완성한다.

• 코스 상추Cos Lettuce는 로메인 상추와 비슷하나 로메인 상추보다 조금 두껍고 거친 채소이며, 동부 지중해 연안의 코스Cos라는 섬에서 유래되었다고 한다.

• 페타치즈는 양념되어 유통되는 것이 있어 소금 간을 하기 전에 맛을 보고 샐러드에 사용해야 한다.

Caesar Salad

시저 샐러드

Ingredients

Romaine Lettuce 50g

Garlic Croutons 15g

Bacon 20g

Parmesan Cheese 10g

Red Paprika 10g

Yellow Paprika 10g

Blue Cheese 20g

Caesar Dressing

Garlic Chop 5g

Anchovy Chop 10g

Egg Yolk 1ea

Lemon Juice 30ml

Parmesan Cheese 40g

Mustard 5ml

Garlic Crouton

Toast Bread 1ea Garlic 2g

Butter 30ml

Method of Cooking

1 로메인 상추는 찬물에 담가 싱싱해지면 물기를 제거하여 냉장보관 한다.

2 베이컨은 가로세로 1cm 정도의 크기로 잘라 오븐이나 팬에서 바삭하게 구워낸다.

3 노란·붉은 파프리카는 쥘리엔Julienne으로 썰어 찬물에 담가 놓는다.

4 둥근 볼에 로메인 상추를 담고 베이컨, 시저 드레싱으로 잘 버무려 접시에 예쁘게 담고 마늘빵, 크루통을 올려준다.

5 4 위에 파르메산 치즈를 뿌려 장식한다.

시저 드레싱(Caesar Dressing)

1 둥근 볼에 달걀노른자와 레몬주스, 레드와인 비니거, 다진 안초비, 마늘, 양파, 겨자를 넣고 잘 풀어준다.

2 1에 올리브오일을 소량씩 넣으며 Whisk로 잘 저어 유화시킨다.

3 드레싱 농도가 맞으면 파르메산 치즈, 다진 파슬리, 소금, 후추로 간을 하여 완성한다.

마늘 크루통(Garlic Crouton)

1 팬에 올리브오일을 두르고 편으로 썬 마늘을 볶아 향미를 증진시킨다.

2 1에 Dice한 Bread를 넣고 은근한 불에서 누릇누릇하게 볶아준다.

3 Salt를 약간 첨가하여 마무리한다.

Chef Tip

• 시저 샐러드의 유래는 로마시대 시저황제가 만들었다는 가설과 시저라는 사람이 만들었다는 몇 가지 유래가 있지만 정확한 가설은 아직도 판명중에 있으며, 샐러드에 이용되는 고급 채소로 로메인 레터스를 사용한다는 사실은 널리 알려져 있는 것이 사실이다.

• 시저 샐러드에는 안초비, 베이컨, 크루통, 파르미지아노 치즈, 로메인상추, 마늘 등이 주재료로 사용된다.

Baked Endive Chiffonade Herb Salad

구운 엔다이브와 시포나드 샐러드

Ingredients ───────

Endive 1ea

Olive Oil 30ml

Lemon Juice 20ml

Balsamic Sauce 20ml

Chervil 5g

Thyme 5g

Dill 5g

Method of Cooking ───────

1 엔다이브를 길이로 잘라 갈변 방지를 위해 물에 씻어준다.

2 그릴이 준비되어 있다면 그릴에 엔다이브를 구워주고 준비가 미흡하면 팬에서 갈색이 나도록 구워준다.

3 구운 엔다이브에 올리브오일, 레몬주스, 발사믹 식초, 소금, 후추를 넣고 버무려준다.

4 처빌과 타임, 다진 딜을 첨가한다.

5 접시에 모양 있게 담아주고 올리브오일과 발사믹 소스를 뿌려 완성한다.

Chef Tip ──────────────────────

- 엔다이브는 햇볕이 없어도 자라는 유일한 채소이며, 아직까지 국내에서 재배가 되지 않아 전량 수입에 의존하는 채소이다.

- 칼로 엔다이브의 단면을 자르면 진액이 나와 쉽게 갈변되므로 사용에 주의해야 한다.

- 시포나드 Chiffonade는 주로 푸른 잎 채소나 대파, 허브에 사용되는 용어로 얇게 썰거나 잎을 겹겹이 돌돌 말아 슬라이스로 써는 방법을 말한다.

Crunchy Scampi with Hazelnut, Green Couscous and Morel Mushroom Salad

헤이즐넛 향을 첨가한 새우와 그린 쿠스쿠스, 모렐 버섯 샐러드

Ingredients ———

Scampi 1ea

Hazelnut 40g

Couscous 50g

Morel Mushroom 30g

Spinach 30g

Leek White 5g

Hazelnut Powder 20g

Method of Cooking ———

1 새우 내장을 제거하고 헤이즐넛 커피콩과 함께 오븐에서 바삭하게 구워준다.

2 시금치를 믹서에 곱게 갈아 데친 쿠스쿠스에 섞어 그린색이 나는 쿠스쿠스를 만들어 놓는다.

3 건조 모렐 버섯은 찬물에 30분 정도 불려 끓는 물에 데쳐 버터를 넣은 팬에 살짝 볶아준다.

4 준비된 접시에 모렐 버섯을 깔고 그 위에 새우를 올리고 그린 쿠스쿠스를 올려준다.

5 대파 흰 부분으로 장식하고 커피 가루를 뿌려 완성한다.

• 모렐 버섯Morel Mushroom은 대부분 수입에 의존하기 때문에 건조된 것으로 많이 유통되고 있으며, 각종 소스로 사용되거나 다른 부재료를 넣어 조리하기도 하며, 다른 버섯 종류들보다 가격이 비싸서 쉽게 구매하기 어렵다.

• 스캄피Scampi 새우는 가재새우의 일종으로 새우와 랑구스틴과 비슷한 모양을 기지고 있으며 집게발을 가지고 있는 것이 특징이다.

Couscous Olive Salad with Lime Juice

라임주스를 곁들인 쿠스쿠스 올리브 샐러드

Ingredients

Couscous 80g

Squash 30g

Orange Paprika 30g

Red Paprika 30g

Red Onion 30g

Truffle 10g

Olive Oil 30ml

Lemon Juice 30ml

Sorrel 2pc

Red Turnip Sprouts 5g

Method of Cooking

1 쿠스쿠스를 끓는 물에 살짝 데쳐서 준비한다.

2 애호박, 파프리카, 붉은 양파, 트러플, 올리브 등은 스몰 다이스로 썰어서 준비한다.

3 믹싱볼에 쿠스쿠스와 준비한 채소를 모두 넣고 올리브오일, 레몬주스, 소금, 후추를 넣어 섞어 놓는다.

4 접시에 섞어 놓은 재료를 담고 소렐과 적무순으로 장식하여 완성한다.

- 쿠스쿠스는 끓는 물에 데치거나 뜨거운 물에 불리듯이 담갔다가 건져서 사용한다.

- 트러플 대신 블랙올리브를 대체품으로 사용이 가능하며, 오일도 올리브오일보다는 트러플오일 사용을 권장한다.

Seafood Cebiche Salad

해산물 세비체 샐러드

Ingredients ────────

Onion 30g

Carrot 20g

Celery 10g

Whole Pepper 10ea

Bay Leaf 1ea

Shrimp 2ea

Seabream 60g

Shallot 30g

Basil 1pc

Olive 2ea

Red Paprika 30g

Orange Paprika 30g

Grapefruit 30g

Tomato 1ea

Lemon Juice 20ml

Olive Oil 20ml

Method of Cooking ────────

1 쿠르부용Court-bouillon을 만들어 새우와 도미살을 데쳐낸다.

2 샬롯, 바질, 올리브, 붉은 · 주황 파프리카, 양파를 쥘리엔으로 길게 썰어서 준비한다.

3 자몽 껍질을 제거하고 속살만 2쪽 준비한다.

4 토마토 껍질을 제거하고 체에 내려 레몬주스와 섞어서 소스로 사용한다.

5 준비된 접시에 해산물과 채소를 담고 고수나 바질을 올려 완성한다.

- 세비체Cebiche는 페루나 멕시코 등지의 중남미 지역에서 먹는 해산물 요리로 해산물과 채소, 레몬, 라임주스, 양파, 토마토, 허브 등을 곁들인 요리로 카리브해 등지의 지역에서도 여러 가지 음식으로 사용되고 있다.

Parmigiano Reggiano Cheese Basket with Yoghurt Salad

파르미지아노 레지아노 치즈 바스켓과 요거트 샐러드

Ingredients

Parmigiano Reggiano Cheese 60g

Chicory 20g

Green Vitamin 20g

Red Kale 20g

Plain Yoghurt 70ml

Fresh Cream 30ml

Lemon Juice 15ml

Honey 5ml

Milk 30ml

Balsamic Sauce 20ml

Salt, Pepper

Method of Cooking

1 Parmigiano Reggiano Cheese를 치즈 강판에 갈아 놓는다.(치즈를 약간 길게 만들면 바스켓 모양이 잘 만들어진다.)

2 아무것도 두르지 않은 팬에 갈아 놓은 치즈를 놓아 살짝 열을 가하고 치즈가 녹으면 꺼내서 모양을 잡아 샐러드용 바스켓으로 만든다.

3 샐러드용 채소인 치커리, 비타민, 레드케일을 찬물에 담가 싱싱하게 만든 다음 물기 없이 준비한다.

4 플레인 요거트에 생크림, 우유, 레몬주스, 꿀, 소금, 후추를 넣고 농도가 맞을 때까지 잘 풀어준다.

5 치즈 바스켓에 샐러드를 담고 요거트 소스와 발사믹 소스를 뿌려 완성한다.

• 파르미지아노 치즈를 강판에 갈아 마른 팬에서 치즈에 열을 가해 치즈가 녹은 후 살짝 식혀 뜨거울 때 바스켓 모양으로 만들어 샐러드용 치즈 바스켓으로 사용한다. 이때 치즈를 팬에서 너무 오래 익히면 치즈가 단단해져 바스켓 모양이 부서질 수 있으므로 주의해야 한다.

• 치즈 바스켓 위에 채소를 담을 때 수분이 남아 있으면 바스켓 모양이 부서질 수 있어 샐러드를 담고나서 바로 서빙해야 한다.

White Yam and lotus root Salad

산마와 연근 샐러드

Ingredients

White Yam 100g

Lotus root 50g

Cider Vinegar 40ml

Romain Lettuce 40g

Olive 8ea

Apple 40g

Red Paprika 40g

Dill 5g

Lemon Juice 30ml

Olive Oil 40ml

Salt, Pepper

Method of Cooking

1 연근은 슬라이스로 썰어 식초와 레몬주스를 넣어 10분정도 담가 놓는다.

2 산마는 껍질을 벗겨 식초를 넣은 끓는 물에 데쳐 준비한다.

3 작은 파프리카를 손질해 반으로 잘라 팬에서 색이 나도록 볶아 준비한다.

4 블랙 올리브도 팬에서 버터를 넣고 볶아 놓는다.

5 사과 껍질을 벗겨 갈변하지 않도록 설탕물에 잠시 담가 준비한다.

6 로메인 상추는 작은 한입 크기로 잘라 놓는다.

7 올리브오일, 레몬주스, 사이다 비니거, 소금, 후추를 넣고 소스를 만들어 준비된 재료에 버무려 준비한다.

8 준비된 접시에 4인분 정도의 양으로 담고 딜을 올려 완성한다.

- 산마는 점액 물질이 나와 식초를 넣은 물에 데쳐서 사용한다.

- 작은 파프리카 대신 보통의 파프리카를 잘라 사용해도 무방하며, 색깔 변경도 가능하다.

- 음식의 분량을 3~4인분 정도 만드는데 적당한 접시의 선택도 중요하다.

Salad Bouquet with Pan Saute Scallop

샐러드 부케와 팬에서 구운 관자

Ingredients

Scallop 3ea

Red Lettuce 10g

Chive 5g

Red Pimento 10g

Lemon Juice 20ml

Olive Oil 30ml

White Wine 20ml

Dill 5g

Chervil 5g

Apple 15g

Lime 1/2ea

Cauliflower 50g

Salt, Pepper

Method of Cooking

1 차이브는 끓는 물에 빠르게 데쳐 얼음물에 식혀 준비한다.

2 관자는 깨끗하게 손질해 소금 후추를 뿌려 밀가루를 묻혀 팬에서 색이 나도록 익혀 준비한다.

3 모든 채소는 찬물에 담가 신선하게 만들어서 부케를 만들어야 한다.

4 샐러드 부케는 잎이 큰 것을 먼저 놓고 파프리카와 사과 쥘리엔을 썰어 차이브로 묶어 준비한다.

5 콜리플라워는 끓는 물에 데쳐 믹서기로 곱게 갈아 퓌레 형태로 만들어 생크림과 레몬주스, 소금, 후추를 넣어 거친 소스 형태로 준비한다.

6 라임을 슬라이스로 썰어 준비한다.

7 준비된 접시에 라임과 관자를 올리고 샐러드 부케를 곁들인다.

8 콜리플라워 퓌레를 접시에 담아 완성한다.

9 딜과 처빌을 올려 마무리한다.

• 샐러드 부케는 준비된 채소를 차이브로 묶어 준비하고 바닥 부분을 칼로 잘라 수평을 유지해야 접시에 올릴 수 있다.

• 콜리플라워 퓌레를 소스 형태로 곁들인다.

• 관자를 팬에서 익힐 때 색이나면 화이트 와인으로 샬로우 포칭Shallow Poaching하여 익혀낸다.

Salmon Bagel Sandwich

연어 베이글 샌드위치

Ingredients

Bagel 1ea

Smoked Salmon 5pc

Parsley 5g

Dill 5g

Chive 5g

Cucumber 20g

Arugula 10g

Horseradish 10g

Fresh Cream 5g

Caper 10ea

Method of Cooking

1 베이글 빵을 준비해 칼로 반을 잘라 팬에서 연한 갈색이 되도록 구워 준비한다.

2 훈제연어 슬라이스를 5장 정도 준비해서 다진 파슬리, 딜, 다진 차이브로 마리네이드해 놓는다.

3 오이를 길게 슬라이스해서 준비한다.

4 아루굴라(루콜라)를 깨끗하게 씻어 3잎 준비한다.

5 생크림은 휘핑하여 호스래디시 크림을 준비하여 반으로 잘라 놓은 베이글에 버터를 바르듯 발라준다.

6 케이퍼를 샌드위치 중간에 넣어준다.

7 준비된 베이글 빵에 호스래디시 크림을 바르고 루콜라, 오이, 연어 순서대로 재료를 모양 있게 담아 완성한다.

• 베이글 빵은 도넛 모양으로 생긴 이스트를 넣은 빵으로 굽기 전에 전분을 제거하기 위해 물에서 한 번 데쳐내는 작업을 하는 빵으로 달걀, 우유, 버터 등을 넣지 않고 밀가루, 이스트, 물, 소금만으로 만들어 지방과 당분 함량이 적고 칼로리가 낮아 소화가 잘되는 빵이다.

Croissant Sausage Sandwich

크루아상 소시지 샌드위치

Ingredients

Croissant 1ea

Butter 20g

Sausage 2ea

Lettuce 1pc

Red Paprika 20g

Chicory 5g

Mustard 20g

Mayonnaise 20g

Method of Cooking

1 크루아상 빵을 준비해 부서지지 않도록 칼로 반을 잘라 놓는다.

2 빵에 버터를 바르는데 크루아상 빵에 버터가 많이 들어 있으므로 소량만 사용한다.

3 소시지에 어슷하게 칼집을 십자 모양으로 넣어주고 팬에서 갈색이 나도록 구워준다.

4 양상추와 파프리카, 치커리를 깨끗하게 씻어서 준비한다.

5 겨자와 마요네즈를 1:1 비율로 섞어서 준비한다.

6 준비된 빵에 소시지와 채소를 넣고 겨자 소스를 뿌려 완성한다.

Chef Tip

• 마요네즈와 겨자를 섞어 소스를 뿌릴 때 농도를 잘 맞추어 뿌려야 하며, 페이스트리 백에 넣어 뿌리는 것을 권장한다.

• 소시지는 플라스틱 케이싱으로 만든 소시지일 경우 열이 속까지 전달이 안 될 수 있어 칼집을 넣고 구워야 잘 익힐 수 있다.

Cheese Scramble and Ham Sandwich

치즈 스크램블과 햄 샌드위치

Ingredients

Toast Bread 2pc

American Cheese 2pc

Egg 2ea

Lettuce 2pc

Slice Ham 2pc

Cherry Tomato 3ea

Salt, Pepper

Method of Cooking

1 식빵에 버터를 바르고 팬에서 갈색이 나도록 구워준다.

2 아메리칸 치즈와 양상추, 꽃상추를 준비한다.

3 달걀 2개를 풀어 노른자와 흰자를 섞어주고 생크림을 첨가한 뒤 소금, 후추로 간을 한다.

4 팬에 달걀 섞은 재료를 넣고 익기 전에 계속 저어주어 스크램블을 만들어준다.

5 슬라이스 햄을 팬에서 앞뒤로 연한 갈색이 나도록 구워준다.

6 토스트한 빵 위에 양상추, 슬라이스 햄, 스크램블한 달걀, 치즈를 올리고 다시 토스트 빵을 올려 덮 어준다.

7 먹기 좋게 잘라 담고 체리토마토를 곁들인다.

• 샌드위치 속에 들어가는 스크램블은 흐르지 않도록 만들어야 한다.

• 샌드위치 면에 바르는 스프레드는 빵에 수분이 흡수되는 것을 방지하는 효고기 있으며, 비디를 비를 때에는 빵을 굽기 전에 바르고 빵을 굽는 것이 좋으며, 마요네즈, 머스터드, 크림치즈 등은 빵을 먼저 굽고 나서 스프레드 형태로 바르도록 한다.

Ciabatta with Chicken Curry Sandwich

치아바타 치킨 카레 샌드위치

Ingredients —————

Chicken Breast 80g

Eggplant 30g

Onion 20g

Butter 10g

Cream Cheese 30g

Ciabatta Bread 1ea

Baby Vitamin 10g

Baby Chicory 10g

Spinach 30g

Method of Cooking ———————

1 닭가슴살은 슬라이스로 썰어 카레가루에 재워 15분 정도 마리네이드하여 준비한다.

2 가지와 양파를 슬라이스해서 버터를 두른 팬에 볶아 준비하고 시금치는 크림과 소금으로 볶아 준비한다.

3 치아바타 빵에 크림치즈를 발라 준비한다.

4 준비된 치아바타 빵에 가지, 치킨 카레, 시금치, 양파 순으로 올려 샌드위치를 만든다.

5 베이비 비타민과 치커리를 올려 샌드위치를 완성한다.

- 치아바타는 이탈리아 빵의 한 종류로 인공첨가물을 사용하지 않고 통밀가루나 맥아 등의 천연 재료로 만든 담백한 빵으로 겉껍질은 바삭하며, 질감은 쫄깃하며 종종 안쪽에 구멍이 뚫려 있는 제품도 있다.

- 치킨에 카레가루를 무쳐 팬에서 익힐 때 오일을 여유있게 넣고 익혀야 치킨이 타지 않게 익혀낼 수 있으며, 덜 익었으면 오븐에서 익혀내는 것이 좋다.

Avocado and Pumpkin Sandwich

아보카도와 단호박 샌드위치

Ingredients

Toast Bread 2pc

Sweet Pumpkin 50g

Onion 20g

Avocado 20g

Tomato 20g

Fresh Cream 20ml

Mustard Leaf 2pc

Celery 1ea

Method of Cooking

1 토스트 식빵을 준비해 슬라이스로 썰어 크림치즈를 발라 준비한다.

2 단호박을 찜통에 쪄서 체에 내려 준비한다.

3 잘 익은 아보카도 껍질을 벗겨 체에 내려 준비하고 양파는 다져서 볶아 놓고 토마토는 껍질을 제거하여 Concasse 로 썰어 놓는다.

4 단호박과 아보카도, 양파, 토마토에 생크림을 조금 넣어 걸쭉한 상태로 만들어 놓는다.

5 준비된 빵에 겨자잎을 2장 놓고 준비된 아보카도, 단호박 속재료와 채소 섞은 것을 올려 다시 빵으로 덮어준다.

6 토스트 빵 겉면을 잘라내고 4등분으로 썰어 준비된 접시에 담아낸다.

7 셀러리를 장식으로 올려 완성한다.

• 단호박은 수분이 날아가도록 찜통에 찌거나 오븐에서 구워 사용한다.

• 샌드위치를 칼로 자를 때 빵의 단면이 눌러져 얇아지거나 내용물이 흘러나오지 않도록 조심스럽게 잘라야 한다.

Steak Sandwich

스테이크 샌드위치

Ingredients —————

Baguette Bread 1ea

Butter 20g

Beef Tenderloin 120g

Rosemary 5g

Onion 30g

Mushroom 30g

Demiglace Sauce 40ml

Red Wine 30ml

Lettuce 1pc

Salt, Pepper

Method of Cooking —————

1 바게트 빵을 준비해서 반으로 잘라 버터를 바르고 팬에서 연한 갈색이 나도록 구워 놓는다.

2 소고기 안심을 빵 크기에 맞게 썰어서 타임, 로즈마리, 소금, 후추, 올리브오일로 마리네이드한 뒤 팬에서 구워 낸다.

3 양파, 양송이를 슬라이스해서 팬에서 갈색이 나도록 볶아준다.

4 데미글라스 소스에 레드와인을 넣고 소스를 만들어 소고기와 양파, 양송이를 같이 볶아 준비한다.

5 준비된 빵에 상추를 올리고 스테이크, 양파, 양송이, 소스의 순으로 올려주고 빵을 덮어 샌드위치를 완성한다.

• 스테이크 샌드위치는 한끼 식사 대용으로 충분한 샌드위치이며 고기는 연한 소고기 안심을 사용하면 매우 만족스러운 샌드위치를 만들어 낼 수 있다.

• 바게트 빵과 스테이크가 조금 커서 먹는 데 불편함을 느낀다면 칼로 자르는 것도 좋은 방법이다.

Chilled *Cucumber and Mint Soup*

차가운 오이와 민트 수프

Ingredients ———

Cucumber 50g

Potato 30g

Onion 20g

Leek White 10g

Butter 20g

Fresh Cream 20ml

Mint 1pc

Salt, Pepper

Method of Cooking ———

1 오이를 깨끗이 씻어 슬라이스로 준비한다.

2 감자는 껍질을 벗겨 얇게 슬라이스한다.

3 양파와 대파 흰 부분을 칼로 썰어 놓는다.

4 팬에 버터를 넣고 양파와 대파 흰 부분을 넣고 볶다가 감자, 오이를 넣고 계속 색이 나지 않게 볶는데 감자가 익을 때까지 계속 볶은 다음 스톡을 넣고 잠깐 끓여 믹서에 갈아 놓는다. 이때 오이의 푸른색이 변색되므로 너무 오래 끓이지 않는다.

5 고운체에 한 번 걸러주고 크림과 소금, 후추를 넣어 완성한다.

6 장식으로 생크림을 휘핑하여 올린 것과 민트를 곁들여 완성한다.

• 더운 여름철 한국에서 오이 냉국을 먹는 것처럼 서양 사람들도 차가운 오이 수프를 만들어 먹는다.

• 오이의 파란 색감이 유지되도록 빠르고 조심스럽게 조리한다.

Tomato Gazpacho with Tapenade

토마토 가스파초와 타프나드

Ingredients

Tomato 1ea

Tomato Juice 30ml

Lemon Juice 20ml

Onion 10g

Garlic 10g

Beet 20g

Cucumber 20g

Orange Paprika 20g

Toast Bread 1pc

Butter 10g

Basil 1pc

Salt, Pepper

Method of Cooking

1 토마토는 꼭지 부분과 밑부분 2군데 칼집을 내어 끓는 물에 데쳐서 껍질을 벗겨낸다.

2 벗겨낸 토마토의 윗부분을 칼로 잘라 안의 내용물을 모두 빼낸다.

3 빼낸 토마토와 토마토 주스, 레몬주스, 양파, 마늘, 스톡을 넣고 믹서에 곱게 갈아 체에 걸러 주스 형태로 준비한다.

4 양파, 비트, 오이, 주황 파프리카는 속을 파낸 토마토 안에 채워야 하므로 스몰 다이스로 썰어서 준비한다.

5 접시에 3을 먼저 부어주고 채소로 속을 채운 토마토를 가운데에 올려놓는다.

6 식빵을 적당한 크기로 잘라 버터를 두르고 팬에서 색을 고루 낸 멜바토스트를 곁들인다.

7 장식으로 바질을 올려 완성한다.

- 토마토의 껍질을 벗기고 안의 내용물을 제거할 때 껍질쪽까지 구멍이 나거나 상처가 나지 않도록 주의한다.

- 멜바토스트를 만들어 곁들이는데 멜바토스트의 개념보다는 스틱의 모양으로 길게 만들어 곁들인다.

- 멜바토스트는 식빵을 정사각형 형태로 썰어 오븐에 굽거나 팬에서 갈색이 나도록 구워 카나페나 수프에 곁들여 먹는다.

Chilled Strawberry Soup

차가운 딸기 수프

Ingredients

Strawberry 5ea

Garlic 5g

Onion 5g

Cucumber 40g

White Wine 30ml

Milk 20ml

Salt, Pepper

Method of Cooking

1 딸기를 물에 잘 씻어서 꼭지 부분은 제거하고 슬라이스로 썰어 놓는다.

2 소량의 마늘과 양파를 준비해 놓고 오이 겉의 파란 부분은 딸기의 빨간색이 변색되므로 사용하지 않고 속 부분만 사용한다.

3 믹서기에 딸기, 마늘, 양파, 오이, 화이트와인을 넣고 갈아서 준비한다.

4 체에 덩어리가 있는지 한 번 걸러내고 소량의 우유를 첨가한다.

5 농도를 맞추고 소금, 후추로 간을 한다.

- 더운 여름철 딸기로 차가운 수프를 만들어 제공함으로써 더위를 이겨내는 음식이다.

- 딸기는 비타민 C 함량이 높고 스트레스 해소와 피로회복과 노화방지 작용이 있으며 항암작용 등에 효과적인 과일로 콜레스테롤의 산화를 막아 동맥경화와 심장병의 예방에 효과적인 과일이다.

Vichyssoise
(Cold Potato Soup)

찬 감자 수프

Ingredients ————

Potato 200g

Leek 40g

Fresh Cream 50g

Toast Bread 4pc

Butter 20g

Onion 30g

Chicken Stock 100ml

Salt, Pepper

Method of Cooking ————

1 감자는 껍질을 제거하여 슬라이스Slice한다.

2 양파와 대파는 슬라이스하거나 다져 준비한다.

3 팬에 버터를 두르고 양파와 대파를 색이 나지 않게 볶다가 감자를 넣고 색이 나지 않게 볶은 후 닭 육수Chicken Stock 를 붓고 충분히 끓여서 고운체에 으깨면서 거른다.

4 체에 거른 수프에 생크림을 넣고 농도가 나도록 끓이면서 소금과 후추로 간을 맞춘 후 찬물에 중탕으로 식힌다.

5 빵 두께로 Dice 형태로 썰어 크루통Crouton을 만든다.

6 식힌 수프를 Bowl에 담고 Crouton과 처빌 등으로 Garnish 한다.

• 비시스와즈Vichyssoise는 체에 내린 감자 퓌레와 대파, 스톡, 크림 등을 넣어 만든 차가운 감자 수프를 말한다.

• 찬 감자 수프는 뜨거울 때의 농도보다는 식으면서 걸쭉해지기 때문에 조금 묽게 민들어야 한다.

• 팬에서 감자를 볶을 때 감자가 충분히 뭉개지도록 충분히 볶아 주어야 구수하고 맛있는 수프를 얻을 수 있다.

Tomato Gazpacho Soup with Crostini

토마토 가스파초 수프에 크로스티니

Ingredients ────────

Tomato 50g

Onion 40g

Red Pimento 30g

Green Pimento 15g

Cucumber 50g

Lemon 1/8ea

Garlic 3ea

White Wine Vinegar 5ml

Olive Oil 30ml

Toast Bread 1pc

Butter 10g

Tomato Juice 50ml

Salt, Pepper

Method of Cooking ────────

1 토마토는 끓는 물에 데쳐 껍질을 벗겨 양파, 붉은 피망, 마늘 1/2쪽과 함께 썰어서 준비한다.

2 1을 믹서기에 넣고 올리브오일, 레드와인, 식초, 토마토주스와 함께 곱게 갈아준다.

3 2를 용기에 담고 레몬주스, 소금, 후추로 간을 하여 냉장보관 한다.

4 식빵을 Dice로 썰어 버터, 마늘과 함께 노릇노릇하게 볶아 Crouton을 만든다.

5 토마토, 오이, 그린 피망은 Small Dice한다.

6 차게 식은 수프를 접시에 담고 장식하여 완성한다.

• 토마토 가스파초 수프를 갈아 줄 때 껍질은 믹서에 잘 갈리지 않고 식감이 좋지 않으므로 제거하고 사용하는 것이 좋다.

• 크로스티니Crostini는 이탈리아어로 작은 토스트를 의미하며, 크루통처럼 작은 모양도 있고 스틱 모양으로 길게 제공하는 경우도 있다.

Cool Tomato Broth with Herb and Vegetable

허브와 채소를 넣은 차가운 토마토 브로스

Ingredients

Chicken Stock 60ml

Carrot 20g

Onion 20g

Squash 20g

Celery 20g

Turnip 20g

Basil 1pc

Chervil 2pc

Method of Cooking

1 치킨 스톡을 준비한다.

2 당근, 양파, 호박, 셀러리를 작은 원형으로 준비해 스톡에 데쳐 준비한다.

3 바질과 처빌을 올려준다.

4 치킨 스톡은 닭뼈, 양파, 당근, 셀러리, 월계수잎, 토마토, 통후추, 타임을 넣고 4시간 정도 끓여 치킨 스톡을 준비한다.

5 준비된 스톡을 냄비에 담고 당근, 양파, 호박, 셀러리를 넣고 한김 끓여 놓는다.

6 준비된 수프 볼에 담아 완성한다.

- 치킨 스톡은 맑고 진하게 끓여서 준비해야 맛있는 수프를 만들 수 있다.

- 맑은 수프를 끓일 때에는 거품이나 기름을 꼭 제거해야 한다.

- 브로스Broth는 스톡Stock이나 육수의 의미로 부용Bouillon과 함께 사용되기도 한다. 부용은 프랑스어 브이에 Buillier의 '끓이다'에서 나온 말이며 스톡은 소뼈 등을 첨가하어 진하게 우려낸 육수이고 부용은 맛이 조금 약한 육수를 의미한다.

Summer Vegetable Soup

여름에 먹는 채소 수프

Ingredients

Chicken 1/2ea

Carrot 20g

Celery 10g

Pepper Whole 5ea

Thyme 5g

Bay Leaf 2ea

Cucumber 10g

Tomato 15g

Onion 15g

Black Olive 1ea

Mushroom 20g

Butter 10g

Garlic 10g

Method of Cooking

1 치킨 스톡은 닭 뼈에 양파, 당근, 셀러리, 통후추, 타임, 월계수잎, 마늘을 넣고 4시간 정도 끓여서 준비한다.

2 오이, 토마토, 양파, 블랙올리브는 슬라이스로 얇게 썰어서 준비한다.

3 토마토는 쥘리엔으로 썰어 놓고 마늘은 다져서 준비한다.

4 양송이는 슬라이스로 썰고 차이브는 다져 놓는다.

5 냄비에 버터를 넣고 볶다가 양파와 마늘을 넣고 오이, 토마토, 올리브를 넣고 만들어 놓은 스톡을 넣는다.

6 기름이나 거품은 제거하고 깨끗하게 완성한다.

Chef Tip

• 치킨 스톡은 맑고 진하게 끓여서 수프를 만들어야 한다.

• 맑은 수프를 끓일 때에는 거품이나 기름을 꼭 제거해야 한다.

• 수프를 거를 때 맑은 수프를 만들기 위해서 체에 거르는 것보다는 소창이나 융에 거르는 것을 추천한다.

Prosciutto Ham with Musk Melon

프로슈토햄과 머스크 멜론

Ingredients ———

Prosciutto Ham 3pc

Musk Melon 3pc

Oregano 1pc

Method of Cooking ———

1 멜론을 깨끗하게 씻어서 둥근 모양의 파리지엔 나이프로 멜론 볼을 만들어준다.

2 멜론 껍질이 있는 모양으로 1개 만들어 놓는다.

3 프로슈토햄을 멜론 위에 올릴 수 있도록 크기에 맞게 잘라 놓는다.

4 잘라 놓은 프로슈토햄을 멜론 위에 올려 접시에 담는다.

5 소스가 필요하면 발사믹 소스를 곁들일 수 있다.

- 장봉Jambon은 돼지 다리로 만든 햄을 뜻하는 프랑스어로 Jambon Fumn은 훈연한 햄을 말하며, Jambon Cru 는 익히지 않은 햄을 말한다. 그리고 훈제한 햄 등을 과일이나 멜론에 올려 함께 먹는 것을 장봉 멜론Jambon Melon이라고도 말한다.

- 프로슈토Prosciutto 햄은 이탈리아 북부 파르마Parma 지역에서 생산되는 숙성시킨 햄을 말한다. 가열하거나 훈제하지 않고 소금으로 염징하여 생으로 먹기 때문에 염분을 많이 함유하고 있어 과일과 같은 단맛과 잘 어울린다.

Smoked Duck Breast with Pear Compote and Orange Sauce

훈제오리와 배 콩포트에 오렌지 소스

Ingredients

Orange Juice 60ml

Smoked Duck Breast 3pc

Grapefruit 1pc

Red Wine 40ml

Sugar Syrup 20ml

Pear Slice 3pc

Orange 1ea

Sugar 30g

Baby Vitamin 5g

Method of Cooking

1 오렌지 주스를 농도가 걸쭉해지도록 1/2 이상 졸여 놓는다.

2 훈제오리 가슴살을 슬라이스해서 졸여 놓은 오렌지 주스에 1시간 정도 담가 놓는다.

3 자몽의 껍질을 벗겨 속살을 1쪽 준비한다.

4 레드와인과 물엿을 넣고 끓이면서 배를 슬라이스로 썰어 20분 정도 조려 준비한다.

5 오렌지 껍질로 제스트를 만들어 끓는 물에 한 번 데치고 설탕과 버터를 넣은 팬에 살짝 볶아낸다.

6 접시에 오리 가슴살과 배를 번갈아 담고 자몽과 베이비 비타민을 올려준다.

7 오렌지 제스트를 올리고 오렌지 소스를 부어 완성한다.

Chef Tip

• 콩포트는 과일을 시럽에서 천천히 조리하거나 과일을 통째로 설탕 조림하는 것을 말하며, 애피타이저나 디저트에 많이 사용한다.

• 오렌지 제스트는 껍질 부분으로 얇게 슬라이스하여 끓는 물에 한 번 데쳐내고 버터와 설탕을 1:1 비율로 섞어 팬에서 볶아내듯 조려 사용한다.

Chicken and ParmaHam Roll with Croustade Pomegranate Sauce

파르마햄으로 감싼 치킨 크루스타드와 석류 소스

Ingredients

Chicken Breast 60g

Parma Ham 30g

Pomegranate 1ea

Olive Oil 30ml

Thyme 1pc

Rosemary 1pc

Avocado 30g

Lemon Juice 20ml

Baby Turnip Sprouts 2pc

Salt, Pepper

Method of Cooking

1 식빵을 슬라이스해서 밀대로 납작하게 밀어 틀을 이용해 둥근 모양의 바스켓으로 만들어 오븐에서 굽는다.

2 닭가슴살을 올리브오일과 타임, 로즈마리로 마리네이드한다. 이때 파르마햄에 간이 되어 있기 때문에 소금의 양은 조절해서 사용한다.

3 마리네이드한 닭가슴살을 파르마햄으로 감싸 팬에서 중불로 익혀낸다.

4 아보카도 껍질을 제거하고 스몰 다이스로 썰어서 올리브오일과 레몬주스를 뿌려준다.

5 석류를 반으로 잘라 안의 빨간 내용물을 터지지 않게 빼내고 나머지는 스톡에 넣고 소스를 만들어 놓는다.

6 접시에 크루스타드 빵을 올리고 구운 닭가슴살과 아보카도를 올려준다.

7 석류 소스를 뿌리고 베이비 적무순을 장식으로 올려 완성한다.

- 크루스타드Croustade는 식빵을 슬라이스로 썰어 밀대로 밀어 납작하게 만들어 오븐에서 굽거나 기름에 튀겨내는 것으로 사진과 같이 음식을 만들어 담아내기 위한 바스켓 용도로 만들어 사용한다.

- 석류는 과육 알갱이 안에 씨가 있어 소스로 사용할 경우 씨는 걸러내고 사용해야 한다.

Smoked Salmon in Crabmeat with Tomato Salsa

게살을 넣은 훈제연어에 토마토 살사

Ingredients

Smoked Salmon 80g

Crabmeat 20g

Chive 5g

Sour Cream 30g

Chervil 2g

Salt, Pepper

Tomato 30g

Onion 20g

White Wine 30ml

Vinegar 20ml

Olive Oil 40ml

Method of Cooking

1 게살은 수분을 제거하고 익히기 위해 찜기에서 찐 다음 식혀 준비한다.

2 찜한 게살과 차이브, 사워크림, 마요네즈를 볼에 넣고 잘 섞어서 준비한다.

3 차이브 2줄기는 끓는 물에 살짝 데쳐 식혀 놓는다.

4 훈제연어를 비교적 넓고 얇게 2~3장 포를 뜨듯이 떠서 2의 준비된 양을 연어 안에 알맞게 채워준 다음 주머니 모양 Purse으로 잘 만들어 데쳐 놓은 차이브로 묶어준다.

5 준비된 접시에 사진처럼 양쪽으로 덮어 만들 수도 있고 복주머니 형태로 만들 수도 있다.

6 토마토 살사 소스는 토마토 콩카세에 올리브오일, 레몬주스, 차이브, 파프리카, 양파, 화이트와인, 식초를 넣고 만들어 놓는다.

7 준비된 접시에 말아놓은 연어를 올리고 토마토 살사를 뿌린다.

8 바질을 올려 완성한다.

• 토마토 살사는 멕시코 전통음식인 토르티야 요리에 빠지지 않고 들어가는 매콤한 소스로 토마토와 양파, 차이브, 이탈리안 파슬리 등이 들어가 작은 건더기가 있는 상태로 만들어야 한다.

• 차이브는 끓는 물에 빠르게 데쳐내고 연어 속의 내용물이 밖으로 흘러내리지 않도록 잘 묶어 사용한다.

Vegetarian Red Kale and Paprika Oil Sauce

베지테리언 레드 케일과 파프리카 오일

Ingredients

New Pine Mushroom 1pc

Cucumber 1pc

Tomato 1ea

Dry Tomato 20g

Red Kale 1pc

Red Paprika 1pc

Baby Chicory 2pc

Olive Oil 20ml

Lemon Juice 10ml

Salt, Pepper

Method of Cooking

1 모든 재료는 깨끗이 씻어서 준비한다.

2 새송이버섯을 5cm×7cm 크기로 썰어서 팬에서 익혀 준비한다.

3 오이와 토마토도 5cm×7cm의 같은 크기로 준비한다.

4 드라이 토마토를 반으로 잘라 껍질을 제거하고 준비한다.

5 준비된 채소를 새송이, 오이, 토마토 순서로 밑에서부터 차례로 올려 놓는다.

6 레드 케일과 파프리카에 올리브오일과 레몬주스, 소금, 후추를 넣고 믹서기에 곱게 갈아 체에 걸러 소스로 사용한다.

7 장식으로 베이비 치커리, 케일을 올려준다.

8 파프리카 오일 소스를 뿌려서 완성한다.

- 채식주의자를 위한 메뉴로 토마토와 버섯, 오이를 주재료로 사용하고 소스도 파프리카를 이용하여 요리를 완성한다.

- 파프리카를 믹서기로 곱게 갈아 고운체에 걸러 찌꺼기를 가라앉혀 맑은 오일 소스를 사용한다.

Baked Asparagus and Parmigiano Reggiano Cheese with Lime Sauce

파르미지아노 레지아노 치즈를 올린
구운 아스파라거스와 라임 소스

Ingredients

Asparagus 8ea

Parmigiano Reggiano Cheese 20g

Dried Plum 1ea

Black Olive 1ea

Pistachio 5ea

Fruit Caper 1ea

Lime Juice 10ml

Olive Oil 20ml

Salt, Pepper

Method of Cooking

1 아스파라거스 껍질의 섬유질을 제거하고 끓는 물에 빠르게 데쳐 준비한다.

2 파르미지아노 레지아노 치즈를 치즈 강판에 갈아서 준비한다.

3 팬에 버터를 바르고 데친 아스파라거스를 가지런히 올려놓고 그 위에 파르미지아노 레지아노 치즈를 뿌려 200℃ 오븐에서 구워 준비한다.

4 구운 아스파라거스 위에 건자두, 블랙 올리브, 피스타치오, Fruit Caper를 올려준다.

5 라임주스와 올리브오일, 소금, 후추를 섞어서 라임소스를 만든 다음, 4의 위에 뿌려 완성한다.

- 아스파라거스는 데쳐서 준비했기 때문에 오븐에서는 치즈가 색이 나면 꺼내서 접시에 담도록 한다.

- 준비된 접시에 아스파라거스와 치즈를 올려 오븐에서 익히고 갈색이 되면 접시와 함께 서빙한다.

Tomato and Fresh Mozzarella Cheese with Basil

토마토와 프레시 모차렐라 치즈 카프레제

Ingredients ———

Tomato 1ea

Fresh Mozzarella Cheese 3pc

Basil 1pc

Balsamic Sauce 20ml

Method of Cooking ———

1   토마토를 원형으로 슬라이스한다.

2   프레시 모차렐라 치즈를 토마토와 같은 크기로 준비한다.

3   접시에 토마토와 치즈를 연속으로 반복해서 담아준다.

4   발사믹 소스와 바질로 장식하여 완성한다.

• 카프레제는 접시에 담을 때 일정한 간격과 줄을 잘 맞추어 담아야 한다.

• 발사믹 소스는 졸여 농도가 걸쭉하도록 만들어 사용해야 한다.

Emmental Cheese and Baby Beet Balsamic Cider Vinegar

에멘탈 치즈와 비트순에 발사믹 사이다 비니거

Ingredients

Emmental Cheese 2pc

Cider Vinegar 30ml

Balsamic 30ml

Baby Beet 5pc

Beet 30g

Orange Paprika 20g

Kohlrabi 20g

Celery 20g

Watercress 5g

Olive Oil 20ml

Lemon Juice 10ml

Method of Cooking

1 에멘탈 치즈를 2쪽 썰어서 준비한다.

2 발사믹 소스에 사이다 비니거를 조금씩 섞어 소스를 만들어 놓는다.

3 만들어 놓은 소스를 소스 붓으로 접시 중앙에 칠하듯이 바른다.

4 비트, 파프리카, 콜라비, 셀러리를 스몰 다이스로 썰어서 올리브오일과 레몬주스를 뿌려 놓는다.

5 소스를 바른 접시에 썰어 놓은 치즈를 올리고 준비된 채소를 올린다.

6 비트순과 크레송을 올려 완성한다.

- 건강식으로 알려진 사이다 비니거는 사과를 자연발효시켜 만든 식초이며 잘 알려진 발사믹 식초와 혼합하여 사이다 비니거 발사믹 소스로 활용한다.

- 에멘탈 치즈는 구멍이 있고 소프트하면서 단단한 노란색 경질 치즈로 흔히 만화영화 "톰과 제리"에 자주 등장하는 치즈이다. 열에 약해 잘 녹는 특징이 있어 그 특징을 살려 여러 가지 요리에 사용된다.

Avocado Cheese Mousse and King Crab in Provolone Cheese with Grapefruit Sauce

아보카도 치즈 무스와 킹크랩을 넣은 프로볼로네 치즈에 자몽 소스

Ingredients

King Crab 2pc

Dried Tomato 40g

Olive Oil 20ml

Dill 5g

Thyme 5g

Hot Sauce 5ml

Lemon 20ml

Provolone Cheese 20g

Avocado 1/4ea

Cream Cheese 20g

Grapefruit 50g

Yellow Chicory 10g

Fresh Sorrel 1pc

Fresh Tarragon 1pc

Method of Cooking

1 킹크랩은 드라이 토마토, 올리브오일, 다진 허브, 핫소스, 레몬주스를 넣은 소스에 마리네이드해 놓는다.

2 프로볼로네 치즈를 슬라이스 기계에 얇게 썰어서 1을 감싸고 반으로 잘라 준비한다.

3 잘 익은 아보카도의 껍질을 벗겨 고운체에 내려 크림치즈와 같이 잘 섞어서 준비한다.

4 자몽과 레몬주스로 비네그레트 소스를 만들어 사용한다.

5 접시에 아보카도 치즈 무스를 모양 있게 짜서 담고 그 위에 절인 킹크랩을 올리고 베이비 소렐을 위에 올려 발사믹과 자몽 소스를 뿌리고 타라곤잎으로 장식하여 마무리한다.

• 프로볼로네 치즈는 딱딱하고 엷은 색의 훈제한 이탈리아 치즈로 수분에 강해 얇게 슬라이스해서 내용물을 말아 주거나 열을 가하면 다른 치즈와는 달리 투명해지는 특성이 있어 여러 요리에 응용되어 사용된다.

• 아보카도는 껍질을 벗겨 체에 내려 크림치즈와 함께 섞어도 시간이 지나면 갈변하기 때문에 빠른 시간 안에 사용해야 한다.

Chicken Galantine with Cranberry Sauce

치킨 갤런틴과 크랜베리 소스

Ingredients ———

Chicken Whole 1ea

Fresh Cream 30ml

White Wine 30ml

Pistachio 10ea

Pine Nut 10ea

Potato 30g

Chick Peas 5ea

Eggplant 30g

Lemon Juice 20ml

Cranberry Sauce 30ml

Method of Cooking ———

1　닭을 살만 발라 껍질이 붙어 있는 상태로 넓게 펴서 갤런 틴을 말아줄 수 있는 크기로 펴서 준비한다.

2　남은 닭고기 살을 믹서에 갈아주면서 소금, 후추, 생크림, 화이트와인을 넣어준다.

3　넓게 펴 놓은 닭고기에 갈아 놓은 닭고기 살을 올려놓고 피 스타치오와 잣을 골고루 뿌려주고 지름 6~8cm 정도 크기 로 안의 내용물이 터지지 않게 둥그런 모양으로 말아준다.

4　비닐이나 랩에 싸서 찜통에서 20분 정도 익혀준다.

5　감자는 채칼로 길게 만들어서 버터를 바른 틀에 둘둘 말아 오븐에서 구워 색이 나면 꺼내 놓는다.

6　병아리콩을 물에 불려 20분 정도 삶아주고 버터에 볶는다.

7　가지는 어슷하게 잘라서 밀가루를 살짝 묻혀 팬에서 익히 고 노란 토마토는 슬라이스한다.

8　크랜베리 소스에 화이트와인과 레몬주스를 넣고 농도를 맞춘다.

9　준비된 재료를 접시에 담고 크랜베리 소스를 뿌린다.

• 닭은 껍질이 붙어있는 상태로 손질하기에는 칼 사용과 손질 방법이 어렵기 때문에 숙련된 실력이 요구된다.

• 닭고기 살을 발라 속재료로 사용할 소는 되도록 수분이 없어야 하며 믹서에 갈아줄 경우 곱게 갈아 주어야 매 끄러운 갤런틴을 얻을 수 있다.

• 감자를 구워 장식용으로 사용하는 모양은 익혀 연한 색이 나면 꺼내 놓는데 조금 뜨거울 때 빼내서 식혀야 부 서지지 않는 모양을 얻을 수 있다.

Vegetable Terrine

채소 테린

Ingredients

Gelatin 30g

Mold 1ea

Squash 30g

Eggplant 30g

Carrot 30g

Turnip 30g

Asparagus 3ea

Cherry Tomato 2ea

Basil 1ea

Balsamic Sauce 30ml

Method of Cooking

1 젤라틴을 찬물에 넣고 열을 가해 끓기 전에 불에서 내려 젤라틴 용액을 만들어 놓는다.

2 삼각형 틀Mold을 준비해 놓는다.

3 모든 채소는 슬라이스해서 끓는 물에 데쳐서 물기를 제거한다.

4 몰드 안에 밑에서부터 호박, 가지, 당근, 무, 아스파라거스 등으로 빈 공간이 없도록 채워 넣는다.

5 채소를 모두 채워 넣고 위에서 젤라틴 녹인 것을 몰드가 채워질 때까지 붓는다.

6 속을 채워 넣은 몰드는 냉장고에 3시간 이상 넣어 젤라틴이 응고되도록 만들어 놓는다.

7 냉장고에서 꺼낸 테린을 두께 1.5cm 정도로 슬라이스한다.

8 접시에 순서대로 담고 체리토마토와 바질, 발사믹 소스를 뿌려 마무리한다.

• 테린 속에 들어가는 모든 재료는 굽거나 데쳐 수분을 제거해 주어야 한다. 완성된 작품에서 수분이 나오게 되면 사이가 벌어지고 공간이 생겨 모양이 틀어질 수 있기 때문이다.

• 젤라틴 농도를 너무 걸쭉하게 만들면 단단한 식감으로 좋지 못하게 되고 너무 묽게 만들면 테린이 부서지게 되기 때문에 농도 조절에 주의해야 한다.

Beef Pâte with Cranberry Sauce

소고기 파테와 크랜베리 소스

Ingredients

Flour 300g

Butter 80g

Egg 3ea

Sugar 10g

Foie Gras 40g

Fresh Cream 40ml

Thyme 5g

White Wine 30ml

Pistachio 30g

Asparagus 4ea

Mushroom 20g

Pork Fat 30g

Gelatine 50g

Tomato 1ea

Beet 20g

Brussels Sprouts 1ea

Baby Vitamin 2pc

Asparagus 2ea

Method of Cooking

1 박력분 200g, 녹은 버터 60g, 달걀 2개, 소금 5g, 설탕 10g, 물 20ml를 넣고 파테 도우Dough를 반죽하여 30분 정도 숙성시킨다.

2 팬케이크를 만들어 거위간을 사각형 스틱으로 잘라 감싸서 준비한다.

3 소고기를 갈아주면서 생크림, 타임, 화이트와인, 소금, 후추를 넣어주면서 곱게 갈아 포스미트Forcemeat를 만들어 놓는다.

4 피스타치오, 아스파라거스, 버섯은 끓는 물에 데쳐 수분을 제거하여 준비한다.

5 숙성된 반죽을 넓게 펴서 틀Mold에 맞도록 잘라 틀 안쪽에 놓고 안쪽 면에 Pork Fat을 넣고 포스미트와 거위간, 피스타치오, 아스파라거스, 버섯을 절단면을 생각해서 차곡차곡 담아준다.

6 틀에 모든 재료를 채웠으면 맨 위에도 파테 도우로 덮어주고 달걀노른자를 바른다.

7 180℃ 오븐에서 25분 정도 구운 뒤 꺼내서 몰드 위에 작은 구멍을 뚫어 뜨거울 때 젤라틴을 구멍 안쪽으로 계속 부어 넣는다.

8 젤라틴이 채워지면 냉장고에서 식혀준다.

9 젤라틴이 굳어지면 꺼내 1.5cm 정도로 슬라이스해서 담고 장식으로 이탈리안 토마토, 비트, 브뤼셀 스프라우트, 미니 비타민, 아스파라거스를 곁들여 완성한다.

• 파테를 만들어 단면을 썰었을 경우를 구상하고 예상하여 포스미트를 잘 채워 넣어 만들어야 한다.

• 파테를 오븐에서 익혀 꺼내면 안쪽의 고기와 채소가 수축되고 틈이 생기는데 그 빈 공간을 콘소메 젤리로 채워 넣어 주어야 한다.

Halibut and Salmon Fish Terrine

광어와 연어 생선 테린

Ingredients ————————

Halibut 150g

Salmon 150g

Walnut 40g

Spinach 30g

mussel 30g

Leek 20g

jujube 15g

Caper berry 20g

White Wine 20ml

Lemon Juice 20ml

Carrot 20g

Onion 10g

Celery 10g

Fresh Cream 40ml

Salt, Pepper

Method of Cooking ————————

1　당근, 양파, 셀러리, 후추, 허브를 넣고 미르포아를 만들어 준비한다.

2　광어를 손질해 테린 바깥 부분에 감쌀 1쪽은 포를 떠서 준비하고 나머지는 생크림과 레몬주스, 화이트와인을 넣고 곱게 갈아 체에 내려 준비한다.

3　연어를 손질해 레몬주스와 소금, 후추를 넣고 곱게 갈아 체에 내려 준비한다.

4　홍합, 광어, 연어를 미르포아에 데쳐낸다.

5　준비된 호두, 시금치, 대파, 대추를 미르포아에 데쳐 준비한다.

6　도마 위에 랩을 깔고 광어 살을 먼저 올리고 준비된 채소와 홍합, 호두를 겹겹이 올려 사진과 같이 잘 말아 놓는다.

7　다른 한 가지 테린으로 도마 위에 랩을 깔고 대파, 갈아 놓은 연어, 시금치, 채소를 겹겹이 올려 랩을 잘 말아 준비한다.

8　잘 말아 놓은 테린 2종류를 준비한 미르포아에 15분 정도 익혀낸다.

9　테린을 꺼내 한김 식혀 두께 1.5cm 미만으로 썰어 접시에 담는다.

10　냉장고에서 꺼낸 테린을 두께 1.5cm 정도로 슬라이스한다.

11　접시에 순서대로 담고 체리토마토와 발사믹 소스를 뿌려 마무리한다.

• 테린을 익히는 방법 중에서 랩으로 겹겹이 말아 포칭Poaching으로 익혀 테린을 만들어 담아낸다.

• 생선을 곱게 갈아 체에 걸러내고 생크림을 넣고 치대거나 휘핑을 잘해야 생선살이 매끄럽게 만들어진다.

Trout and Snapper Spinach Terrine

시금치로 감싼 송어와 도미 테린

Ingredients ───────

Trout 140g

Snapper 120g

Spinach 40g

Leek 20g

Lemon Juice 20ml

White Wine 20ml

Carrot 20g

Onion 10g

Celery 10g

Fresh Cream 20ml

Asparagus 2ea

Basil 1ea

Cherry Tomato 1ea

Parmigiano Reggiano Cheese 20g

Laver 1ea

Baby Sprout 5g

Salt, Pepper

Method of Cooking ───────

1　송어를 손질해 레몬주스와 화이트와인을 넣고 곱게 갈아 체에 내려 준비한다.

2　도미도 살을 준비해 생크림, 레몬주스, 화이트와인을 넣고 곱게 갈아 체에 내려 준비한다.

3　시금치는 줄기와 잎을 분리해 따로 미르포아에 데쳐 물기를 제거한다.

4　도마 위에 랩을 깔고 데친 시금치를 김밥용 김처럼 넓게 펴서 준비한다.

5　시금치 위에 체에 내린 송어를 깔고 김을 펴서 놓는다.

6　가운데에 장식으로 시금치 줄기와 도미 갈아 놓은 것을 겹겹이 올려 랩으로 말아 재료가 밖으로 나오지 않게 말아 놓는다.

7　아스파라거스는 껍질을 벗기고 손질하고 끓는 물에 데쳐서 꺼내 팬에서 버터를 넣고 볶아 준비한다.

8　파르미지아노 레지아노 치즈를 강판에 갈고 프라이팬에 올려 둥그런 모양으로 만들어 식혀 장식으로 사용한다.

9　준비된 접시에 체리토마토와 새싹을 올려 완성한다.

- 테린은 랩으로 둥글려 말아 포칭Poaching으로 익혀 테린을 만들어 접시에 담아낸다.

- 생선을 곱게 갈아 체에 걸러내고 생크림을 넣고 치대거나 휘핑을 잘해야 생선살이 매끄럽게 만들어진다.

- 송어는 연어보다 둥글고 크기가 작은 편으로 바다에서 살다가 9～10월경에 강으로 올라와 알을 낳는다. 주로 우리나라 동해로 유입되는 일부 하천에서 서식한다.

Veal Pate with Pink Peppercorn and Cranberry Sauce

송아지 파테와 핑크 페퍼콘 크랜베리 소스

Ingredients ────────

Flour 400g

Butter 100g

Egg 2ea

Suger 20g

Mushroom 1ea

Asparagus 1ea

Walnut 3ea

Green Olive 3ea

Pink Peppercorn 5g

Rosemary 1ea

Thyme 1ea

Laver 1ea

Bamboo sprout 1ea

Red Wine 30ml

Fresh Cream 20ml

Consomme Jelatin 60ml

Cranberry 50g

Method of Cooking ────────────

1 버터를 살짝 녹여 설탕과 달걀을 넣고 저어준 다음 밀가루를 넣고 가볍게 섞어 랩이나 비닐에 싸서 냉장고에서 1시간 이상 휴지시킨다.

2 휴지시킨 반죽을 밀대로 밀어 버터를 바른 테린 몰드에 일정하게 펴서 준비한다. 사진 ❶

3 송아지 고기는 힘줄을 제거하고 손질해 믹서기에 갈아 준비한다.

4 준비된 채소와 호두는 미르포아에 데쳐 수분을 제거한다.

5 재료가 준비되면 도우를 넣은 몰드에 순서를 정해 차곡차곡 넣어 주는데 잘라서 단면이 고르게 나오도록 ❷사진처럼 넣어 주어야 한다.

6 도우를 감싸면서 안쪽에 달걀노른자를 발라 잘 붙도록 ❸ 사진처럼 발라 주고 오븐에서 꺼내면 콘소메 젤라틴을 채워 빈 공간을 메워 주어야 한다.

7 몰드에 모든 재료를 채웠으면 마지막 윗면도 ❹처럼 달걀노른자를 바르고 오븐에서 20분 정도 익혀낸다.

8 크랜베리를 체에 내려 레몬주스와 크림을 넣고 소스를 만들고 핑크 페퍼콘을 곁들인다.

9 장식으로 버터에 볶은 아스파라거스와 버섯, 죽순을 올린다.

10 파테를 꺼내 냉장고에서 30분 이상 식혀 1~1.5cm로 썰어 접시에 담아 완성한다.

Chef Tip

- 파테는 준비작업이 많고 시간이 오래 걸리는 음식으로 자주 사용하거나 많이 요리하지 못하는 단점이 있다.

- 접시에 담을 때는 주로 뷔페 음식처럼 6쪽, 8쪽, 12쪽, 16쪽 등으로 담아내는 것이 일반적이다.

- 몰드에 파테 도우를 덮어주고 나서 길게 남는 도우는 잘라내는 것이 좋다.

- 파테가 조금 느끼할 수 있어 크랜베리 소스와 핑크페퍼콘을 같이 곁들인다.

Scallop and Shrimp Terrine with Dill Yoghurt Sauce

딜 요거트 소스를 곁들인 관자 새우 테린

Ingredients

Scallop 5ea

Shrimp 3ea

Fresh cream 80ml

Plain Yoghurt 50ml

Orange 1/2ea

Lemon 1ea

Egg 1ea

Dill 30g

Basil 5g

Cooking Foil

Salt, Pepper

Method of Cooking

1 관자와 생크림, 레몬주스, 달걀흰자, 소금, 후추를 믹서기에 넣고 곱게 무스 형태로 만들어 고운체에 내려 준비한다.

2 새우는 미르포아를 넣은 스톡에 데쳐 껍질을 벗겨 놓는다.

3 쿠킹포일이나 랩을 펼쳐 관자 무스를 올리고 가운데에 새우가 오도록 잘 말아 양쪽 끝을 묶어 내용물이 흘러내리지 않도록 만들어 중탕으로 익혀낸다.

4 플레인 요거트에 딜을 다져 넣고 레몬주스, 생크림을 넣어 소스를 준비한다.

5 오렌지는 껍질을 벗겨 살만 발라내 팬에서 색이 나도록 구워낸다.

6 준비된 접시에 익힌 테린을 담고 소스를 뿌려 완성한다.

7 바질을 올려 마무리한다.

- 오렌지는 마른 팬에 열이 올라오면 한쪽 면을 먼저 색을 내고 옆면도 색을 내서 갈색이 나면 꺼내 부서지지 않도록 주의해야 한다.

- 테린의 익힘은 너무 익혀 퍽퍽하지 않도록 탱탱하게 만들어야 한다.

- 플레인 요거트 소스는 열을 가하지 않고 준비된 재료를 넣고 농도를 맞춰 뿌려 낸다.

Foie Gras and Wine Jelly with Pomegranate Sauce

거위간과 와인젤리에 석류 소스

Ingredients

Foie Gras 3pc

Pomegranate Sauce 20ml

Apple 2pc

Port Wine 40ml

Sugar 20g

Lemon Juice 10ml

Stock 30ml

Knox Gelatine 20g

Olive Oil 20ml

White Wine 20ml

Leek 10g

Thyme 1pc

Balsamic Sauce 10ml

Method of Cooking

1. 사과를 모양 있게 썰어 포트와인, 설탕, 레몬주스를 넣은 물에 20분 정도 끓여 놓는다.

2. 포트와인, 스톡을 1:1로 섞고 젤라틴을 넣어 끓인 다음 넓은 틀에 부어 냉장고에서 식힌 다음 굳으면 작은 주사위 모양으로 잘라 와인 젤리를 만들어 놓는다.

3. 거위간을 2~3mm 정도로 썰어서 준비하고 크레송과 절인 사과로 층층이 쌓아 올려준다.

4. 석류 소스는 석류를 알알이 빼낸 다음 올리브오일과 화이트와인에 조리면서 석류를 으깨어 빨간 물이 배어 나오도록 만든 다음 체에 한 번 걸러준다.

5. 준비된 모든 재료를 접시에 담고 석류 소스를 뿌린다.

6. 대파와 타임, 발사믹 소스로 장식하여 마무리한다.

- 사과 콤포트는 사과를 포트와인과 설탕, 레몬주스를 넣고 끓여 색이 잘 우러나오도록 만들어야 한다.

- 와인 젤리는 냉장고에서 식혀 칼로 썰어야 하며, 맛을 내기 위해 약간의 소금과 설탕을 첨가해도 좋다.

- 석류 소스는 씨를 제거하고 색을 만드는데 너무 오래 끓이지 않아야 한다.

Avocado and Celeriac Mousse with Guacamole

아보카도와 셀러리 뿌리 무스에 과카몰리

Ingredients ——————

Rubus Coreanus Fruit 5ea

Avocado 1ea

Olive Oil 30ml

Lemon Juice 10ml

Salt, Pepper

Cumin 10g

Tomato 1ea

Onion 20g

Garlic 10g

Cayenne Pepper 5g

Celeriac 20g

Shallot 20g

Almond Slice 1ea

Pansy 1ea

Red Buckwheat Sprout 1ea

Method of Cooking ——————

1　복분자를 올리브오일과 레몬주스, 레드와인, 소금을 넣고 믹서에 곱게 갈아 체에 한 번 걸러서 소스로 준비한다.

2　아보카도는 껍질을 벗겨 반으로 잘라 씨 부분을 제거하고 1/2은 강판에 갈아서 라임주스, 커민Cumin, 토마토, 양파, 마늘, 카옌페퍼Cayenne Pepper를 넣어 무스 형태로 만들어 놓는다.

3　셀러리 뿌리Celeriac 부분은 올리브오일로 절여서 준비한다.

4　접시에 아보카도 슬라이스를 놓고 셀러리 뿌리, 샬롯을 순서대로 올려주고 그 위에 과카몰리 무스를 모양 있게 올려준다.

5　1의 소스를 접시에 고르게 뿌려준다.

6　과카몰리 무스 위에 아몬드 슬라이스를 올려준다.

7　장식으로 팬지와 적메밀싹을 올려서 완성한다.

- 과카몰리는 아보카도 으깬 것에 양파와 토마토, 파프리카 등을 넣고 만든 멕시코 음식이다.
- 복분자에 레몬주스, 레드와인, 소금을 넣고 믹서에 갈아 고운체에 걸러 소스로 사용한다.

Foie Gras Mousse with Cream Cheese

크림치즈를 넣은 거위간 무스

Ingredients

Foie Gras 40g

Cream Cheese 20g

Lemon Juice 5ml

Apple 2pc

Port Wine 50ml

Stock 50ml

Honey 20ml

Baguette 1pc

Musk Melon 2pc

Balsamic Sauce 10ml

Method of Cooking

1 거위간을 고운체에 내려 크림치즈와 레몬주스를 넣어 무스 형태로 만들어 놓는다.

2 사과를 모양 있게 썰어 포트와인Port Wine과 스톡, 꿀을 넣어 20분 이상 조려 색이 나도록 만들어 놓는다.

3 바게트 빵을 얇게 슬라이스해서 작은 볼에 다시 둥그렇게 모양을 잡아 오븐에서 바삭하게 구워준다.

4 멜론을 파리지엔 나이프로 동그랗게 파서 준비한다.

5 준비된 접시에 절인 사과와 멜론을 담고 둥그런 바게트 빵에 크림치즈를 넣은 거위간 무스를 모양 있게 짜서 담아 준비한다.

6 마조람과 발사믹 소스를 곁들여 완성한다.

• 거위간 무스는 프레시Fresh 제품보다는 시판용 캔 제품을 크림치즈와 섞어 사용한다.

• 사과 콤포트는 포트와인에 사과를 모양 있게 썰어 꿀과 함께 조리고 절여 원하는 색으로 만들어 사용한다.

• 거위간 무스를 짜낼 때 모양과 양을 잘 조절해야 한다.

Marinade Scallops with Orange Foam Sauce

오렌지 폼 소스의 허브향 관자

Ingredients

Scallop 2ea

Olive Oil 10ml

Orange Juice 30ml

White Wine 20ml

Salt, Pepper

Lowfat Milk 30ml

Method of Cooking

1 오렌지 주스를 1/3로 졸여 놓는다.

2 관자에 칼집을 내고 올리브오일과 졸인 오렌지 주스에 30
분 정도 마리네이드한다.

3 팬에 오일을 두르고 관자의 색이 갈색이 나도록 구워주며
화이트와인을 첨가하면서 익혀 준비한다.

4 스테인리스 볼에 저지방우유를 넣고 휘퍼를 이용해 거품이
나도록 빠르게 저어 준비한다.

5 거품이 생성되면 졸인 오렌지 주스를 넣어 폼 소스를 만
들어 놓는다.

6 준비된 접시에 익힌 관자를 올리고 폼 소스를 곁들인다.

7 장식으로 셀러리를 올려 완성한다.

• 폼 소스는 접시에 음식을 모두 담고 마지막으로 만들어 올려 폼 소스의 거품이 접시에 남아 있도록 담아 주어야
한다.

• 오렌지 주스는 소량만 폼 소스에 넣어야 거품이 살아있기 때문에 졸여서 사용해야 한다.

• 볼에서 손으로 만들기 어려울 때에는 핸드믹서를 사용할 수도 있다.

Smoked Salmon Roulade with Apple Ricotta Cheese in Basil Pesto

사과와 리코타 치즈를 넣은
훈제연어 룰라드와 바질 페스토

Ingredients

Smoked Salmon 80g

Sour Cream 30ml

Dill 2g

Cucumber 20g

Chervil 2g

Caper 5g

Apple 1/4ea

Crab Meat 30g

Lemon 1/6ea

Salt, Pepper

Tomato Concasse 30g

Olive Oil 20ml

Onion 5g

Sugar

Vinegar 5ml

Method of Cooking

1 훈제연어는 껍질을 제외하고 두께 2mm 정도로 슬라이스 하여 딜, 소금, 후추로 마리네이드하여 준비한다.

2 사워크림, 사과 쥘리엔, 게살, 다진 양파, 레몬즙, 설탕, 소 금, 후추를 적당량 넣고 섞어서 룰라드 소를 만들어 준비 한다.

3 랩을 펼쳐 그 위에 슬라이스 연어살을 나란히 넓게 펼쳐 놓 고 수분을 키친타월로 제거한 후 룰라드 소의 내용물을 연 어 위에 고르게 펼쳐 준비한다.

4 바질을 올리브오일과 함께 갈아서 바질 페스토로 만들어 놓는다.

5 준비된 재료를 김밥 말듯이 균일하게 말아 적당한 크기로 썰어 접시에 담고 롤라로사와 케이퍼 열매를 올린다.

6 접시에 담고 토마토 비네그레트와 바질 페스토를 만들어 1 스푼 정도 뿌려 완성한다.

• 바질 페스토는 바질과 마늘, 잣, 파르메산 치즈, 올리브오일을 넣고 믹서에 갈아 만든 그린색의 걸쭉한 소스이다.

• 연어 룰라드를 만들 때 바닥에 랩을 먼저 깔고 둥근 모양으로 말아 냉장고에서 휴지시켜 부서지지 않도록 썰어 야 하며 만약 칼로 썰 때 부서지게 된다면 랩과 함께 썰고 나서 랩을 벗기도록 한다.

Reference

- 21세기외식정보연구소, 외식용어해설, 백산출판사, 2000
- 경영일 외, 서양요리, 광문각, 2005
- 김동섭 외, 현대서양조리실무론, 백산출판사, 2009
- 김원일, 정통서양요리, 기문사, 1994
- 나영선 외, 호텔서양조리실무개론, 백산출판사, 1996
- 롯데호텔 직무교재
- 박경태 외, 현대서양조리실무, 훈민사, 2004
- 박정준, 정통프랑스요리바이블, 군자출판사, 2013
- 세계 음식명 백과
- 신성균 외, 식품가공저장학, 파워북, 2008
- 신현길 외, 식육과 이론의 실제, 미트저널사, 1997
- 염진철 외, 고급서양조리, 백산출판사, 2004
- 염진철 외, 사진으로 보는 전문 조리용어 해설, 백산출판사, 2008
- 오석태, 애피타이저와 샐러드, 지구문화사, 1999
- 이무하 외, 식육가공기술학, 용성출판사, 2002
- 정청송, 서양조리기술사전, 기전연구사, 1988
- 진양호, 서양조리, 지구문화사, 2009
- 최성우 외, Kitchen, 훈민사, 2007
- 최수근, 서양요리, 형설출판사, 1993
- 팀 헤이워드, 칼 나이프 KNIFE, 그린쿡, 2017
- 한국조리연구학회, Cheese & Cold Cuisine, 형설출판사, 1998
- 한국조리연구학회, Herb & Salad, 형설출판사, 1997
- 호텔 더플라자 직무교재

- Auguste Escoffier, French Recipes, Treasure Press, 1984
- Culina Mundi with Recipes from 40 Countries, Tandem Verlag Gmbh, Prgeone David Paul, Larousse, The Professional Garde Manger, New York : John Wiley & Sons, 1995
- Dine with Europe Master Chefs Cold Appetizers, Könemann, 1998
- Garde Manger-The Culinary Institute of America, 서울외국서적
- Garde Manger-The World of Great Culinary Arts, 가드망저의 세계, 훈민사, 고범석. 2006
- Jane Grkgson, The Book of Ingredients, Mermaid Books
- Paul Bouse, New Professional Chef, Cia, 2002
- Sarah R. Labensky, Alan M. Hause, On Cooking, Prentice Hall, 1995
- Sheraton Walkerhill Garde-Manger/cafe.daum
- The Culinary Institute of America, The Professional Chef, 9 Editon, John Wiley & Sons, Ic., 2012
- Webster's New World Dictionary of American English, Third College Edition
- Willams-Sonoma, Hors D'Oeuvres, Simon & Schuster@Source, 2001

Profile

윤수선

현) 안산대학교 호텔조리학과 교수
대한민국 조리기능장
호텔관광경영학 박사
The Plaza Hotel 조리팀
직업능력개발훈련교사
중등학교 정교사

김창열

현) 경민대학교 호텔조리과 교수
조리외식경영학 박사
웨스틴조선호텔 주방장 역임
대한민국 조리기능장
청와대 및 G20 정상회의 연회 담당
서울시 '밤도깨비' 푸드트럭 선정 심사위원
요리대회, 조리기능장 심사위원

권기완

현) 서영대학교 호텔조리제빵과 교수
조리외식경영학 박사
The Plaza Hotel 조리팀
직업능력개발훈련교사
중등학교 정교사

가르드망제

2022년 1월 10일 초판 1쇄 발행
2024년 1월 15일 초판 2쇄 발행

지은이 윤수선·김창열·권기완
펴낸이 진욱상
펴낸곳 (주)백산출판사
교　정 박시내
본문디자인 신화정
표지디자인 오정은

등　록 2017년 5월 29일 제406-2017-000058호
주　소 경기도 파주시 회동길 370(백산빌딩 3층)
전　화 02-914-1621(代)
팩　스 031-955-9911
이메일 edit@ibaeksan.kr
홈페이지 www.ibaeksan.kr

ISBN 979-11-6567-426-7　93590
값 29,500원